面向智能制造的人才培养策略

李耀平　郭　涛　段宝岩　编著

西安电子科技大学出版社

内 容 简 介

　　本书面向智能制造发展的需求，以重点人才的培养为主题，在针对高校、企业、政府等相关部门调研的基础上，提出解决当前智能制造人才数量与质量不足、培养与实践欠缺、协同与衔接缺位等问题的思路，对新形势下智能制造人才的知识、能力、素质的内涵进行探讨，对人才培养与成长的路径进行分析，提出发展思考和策略建议。

　　本书可供中国制造业尤其是智能制造领域的专家学者、政府官员、企业人员，高等院校等教育机构智能制造相关专业的教育工作者，以及在电子类、机械类、计算机类等相关专业就读的高职生、本科生和研究生等参考使用。

图书在版编目(CIP)数据

面向智能制造的人才培养策略/李耀平，郭涛，段宝岩编著. —西安：西安电子
科技大学出版社，2019.3
ISBN 978-7-5606-5209-2

Ⅰ. ① 面…　Ⅱ. ① 李…　② 郭…　③ 段…　Ⅲ. ① 智能制造系统—
人才培养—研究—中国　Ⅳ. ① TH166

中国版本图书馆 CIP 数据核字(2019)第 009253 号

策划编辑　高维岳　邵汉平
责任编辑　王　妍　阎　彬
出版发行　西安电子科技大学出版社(西安市太白南路 2 号)
电　　话　(029)88242885　88201467　　邮　　编　710071
网　　址　www.xduph.com　　　　　　　电子邮箱　xdupfxb001@163.com
经　　销　新华书店
印刷单位　咸阳华盛印务有限责任公司
版　　次　2019 年 3 月第 1 版　　2019 年 3 月第 1 次印刷
开　　本　787 毫米×960 毫米　1/16　印　张　7.5
字　　数　74 千字
印　　数　1~2000 册
定　　价　39.00 元

ISBN 978-7-5606-5209-2 / TH

XDUP 5511001-1

如有印装问题可调换

前　言

　　智能制造是在传统制造的基础上，将信息技术与制造技术深度融合，构建起的将通信、传感、网络、计算、控制、软件融于一体的信息物理系统(Cyber-Physical Systems，CPS)。它对设计、制造、管理、服务等整个生产环节和流转领域进行数字化、网络化、智能化的转型升级，是一种工业制造的崭新模式，并将随着人工智能、人机交互、3D 打印、生物技术、新材料技术的应用创新，创造出未来人类社会制造业不可估量的发展前景！

　　当前，全球正掀起新一轮科技与产业革命的浪潮，抢占智能制造的发展先机，已成为世界制造强国和大国关注的焦点。

　　"德国工业 4.0" 计划，在构建信息物理系统(CPS)的框架下，注重制造硬件系统的建设，将信息、传感、互联网技术与传统工业制造紧密结合，打造智能工厂、智能生产，以期实现价值链上企业间的横向集成，制造系统纵向集成，端对端的数字化以及网络化集成。

　　"美国工业互联网" 革命，旨在建设强大的工业网络，推进高级人工智能技术的发展，实现通信、计算、控制的集成，将工业与互联网深度融合，在设计、制造、营销、服务等方面统筹资源，提高效率，减少能耗，更注重于软件系统的建设。

　　"中国制造 2025" 规划，提出了我国未来制造业 "三步走" 的发展战略，确立了进入世界制造强国行列的奋斗目标。智能制造是主攻方向，信息技术与制造技术的深度融合，将成为我国工业制造从2.0、3.0迈向4.0的主要着力点。我国要加快发展智能制造，技术、装备、产品等硬件条件必不可少，而知识、经验、人才等软件支撑则更为重要。因此，人才是智能制造的最主要因素，智能制造的人才培养具有重要的战略地位，具有不可替代的关键作用。

面向智能制造，我国不仅在信息技术与装备、核心元器件、工业软件、高档数控机床、先进制造加工工艺手段、科学管理与统筹机制上与世界发达国家相比存在着较大差距，在"智造型"人才的重点培养和成长上也存在很多不足，相应的人才储备十分欠缺。

智能制造需要一大批"智造型"人才，需要杰出的领军人物、卓越的工程师、高素质高技能的劳动者。"智造型"人才既要掌握迅猛发展的新一代信息技术，也要熟悉工业制造的关键环节，成为多学科交叉的复合型人才。当前，我国制造业人才供需在一定程度上出现了结构性矛盾。一方面，一般制造人才市场供给相对过剩，这与制造业大而不强直接相关；另一方面，智能制造的人才供给不足，相应的培养与成长机制不够完善与健全，高等教育特别是工程教育的传统模式亟待转型升级，面向智能制造的重点人才培养与成长策略亟待深入研究。

"智造型"人才的培养和成长是支撑智能制造的主要力量，其所应具备的知识、技能和素质，要能够与智能制造的实际发展相匹配，与人工智能的未来趋势相适应，需要企业、大学、政府统筹协同，积极配合。借鉴美国、德国、法国、俄罗斯等国家在工程教育方面的经验，面向智能制造发展，我国培养"智造型"人才应从工程教育模式创新着手，积极探索培养目标、培养方案、课程改革、校企合作等方面的理论和实践，为我国早日实现制造强国的目标奠定坚实的教育基础，提供强有力的人才支撑！

本书针对智能制造人才培养的重点问题，立足工程教育的改革实践，从知识、能力、素质的综合培养等方面展开研究，提出培养与成长的重点发展策略，为我国"智造型"人才市场急需与未来储备提供战略咨询决策方面的参考。

目　　录

第一章
变革传统的智能制造

　　制造是人类改造自然、发展生产、提高劳动效率、改善生活环境的一种重要手段和方式。工具、器具、装备、产品的制造，为社会生产、生活提供了硬件条件的基础支撑，凝聚着知识、技术、经验的积累及材料、工艺的更新变革，也蕴含着制造模式的不断演进，成为人类社会发展进步中最具有显著代表性的特征之一。

　　工业制造为工业生产提供了基本的生产资料、工具和装备，制造出的产品，不仅满足着生活的需求，而且为制造业的发展创造了条件。传统工业制造，如机械制造，延伸了人的肢体，提高了劳动效率，提升了生产能力；而电气制造，则进一步增强、扩展了工具、装备的能动功用，使工业制造的批量化、标准化、高效率得以实现。随着计算机辅助制造的发展，数字化、自动化、网络化更新了制造的手段，实现了虚拟设计建模、数字传感与控制、自动化生产、网络化集成等，提升了柔性化、模块化、集成化制造水平。

　　智能制造在传统制造的基础上，将信息技术、传感技术、网络技术、人工智能技术等深度融入到制造领域中，将有望颠覆传统制造的固有模式，在材料、工艺、制造流程等因素和环节上实现数字化、网络化、智能化的综合集成，将嵌入虚拟、模拟、柔性、个性的特性，并与 3D 打印、大数据、云计算、万物互联等新技术、新趋势紧密融合，贯穿于工业制造研发设计、加工制造、经营管理、销售服务的全过程，成为"工业 4.0"的典型代表，是未来制造业变革发展的新起点。

　　近年来，美国工业互联网及人工智能、"德国工业 4.0"异军突起，"中国制造 2025"迎头赶上，新一轮科技与产业领域的竞争愈加激烈。在这场全球制造业革新的竞争中，谁占据了智能制造的发展先机，谁就将占据未来制造业变革的战略高地！

一、智能制造的诞生与发展

　　智能制造是信息技术与制造技术紧密融合所诞生的变革传统的新型制造模式，伴随着工业制造转型升级所需要的能源资源高效利用、提高效率降低成本、长远发展绿色持续的趋势，制造业迎来了新科技与产业革命的历史转折点，为第四次工业革命拉开了帷幕！

　　智能制造的诞生，与信息技术、智能技术等高新技术的发展密切相关，其最初起源于美国，这与美国长期引领全球信息技术、知识经济的背景一脉相承。美国具备变革传统制造模式的深厚土壤，如计算机、集成电路、机器人、人工智能、控制论、物联网乃至近年建立的工业互联网、人工智能联盟等，其将信息技术、人工智能技术等不断融入制造业，同时在软硬件方面奠定了坚实的产业基础，为发展智能制造创造了支撑条件。"德国工业4.0"建构在机械化、电气化、自动化制造的基础上，正式归纳提出了制造的智能化概念，如信息物理系统(CPS)、智能工厂、智能生产等，从框架体系、规范标准角度提出了变革版的工业制造新模式。"中国制造2025"将智能制造作为主攻方向，融合工业2.0、3.0、4.0的迭代发展，以推进工业制造的转型升级、并行发展为目标，努力实现中国从制造大国向制造强国的跨越迈进！

(一) 美国智能制造的发展积淀

美国在二战后借助先进的军事科技和计算机、集成电路技术，并基于相关产业的迅猛发展，引领了知识经济时代的最新潮流，成为独步全球的制造强国。电子信息技术的起源和发展，大都与美国科技创新的氛围与土壤息息相关。从第一台电子计算机的诞生、晶体管的发明、集成电路的出现，到第一个商用移动通信系统的推出、因特网的产生与推广，乃至智能技术与理论的起源与发展，人工智能、控制论、物联网等的出现，在科学发现、技术创新、产业发展的多重因素推进下，美国的智能制造奠定了长期的深厚基础，且具有稳步渐进、循序发展的特征。美国在信息技术、网络技术、传感技术以及智能制造装备、智能机器人、人工智能方面长期积淀的优势，为发展智能制造创造了必要的前提条件。美国信息技术发展简要历程如图1-1所示。

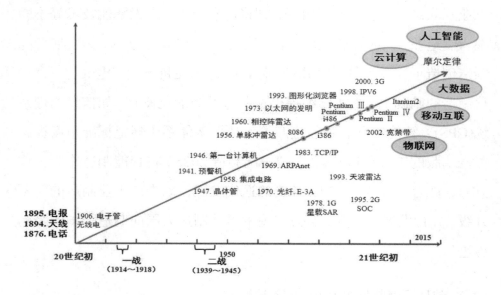

图 1-1　美国信息技术发展简要历程

实际上，早在 2006 年，美国国家科学基金委员会就提出了智能制造的核心概念——CPS(Cyber-Physical Systems)，并指出 CPS 的核心技术是计算、通信、控制(即 3C：Computing，Communication，Control)，成为了如今该系统构建的雏形。

近年来，美国不仅在智能技术前沿研发、智能产品生产制造以及相关的市场配套、环境建设上逐步形成了完善的制造业体系，而且随着产业化应用的不断发展，智能制造元器件和智能装备的普及面越来越广、性价比越来越高，从数量到质量都得到新的提升，如大量的传感器、数控机床、机器人在自动化生产线上广泛应用，一大批智能制造的研发和制造企业不断发展壮大，如艾默生、霍尼韦尔、罗克韦尔、MAG、哈挺、格里森、American Robot 等。美国智能制造相关著名企业如图 1-2 所示。技术研发创新能力的不断提高、产业体系的日臻完善，从顶层到市场的纵横贯通，为美国大幅度推进智能制造奠定了坚实基础，相关的战略计划也陆续出台完善。

图 1-2 美国智能制造相关著名企业

2011 年美国提出"先进制造伙伴计划(Advanced Manufacturing Partnership，AMP)"。同年 6 月，美国智能制造领导联盟(Smart Manufacturing Leadership Coalition，SMLC)发布了《实施 21 世纪智能制造》报告，指出智能制造是先进智能系统强化应用、新产品快速制造、产品需求动态响应以及工业生产和供应链网络实时优化的制造；其核心技术是网络化传感器、数据互操作性、多尺度动态建模与仿真、智能自动化及可扩展的网络安全技术等；其融合从工厂到供应链的全程制造环节，并将制造装备、过程和产品资源的虚拟追踪扩展到整个产品的生命周期；智能制造的效果，是构建起柔性、敏捷、精准的崭新环境，以实现优化质量性能、提高制造效率、降低制造成本等目标。

2012 年，美国国家科学技术委员会公布了《国家先进制造战略计划》(National Strategic Plan for Advanced Manufacturing)，主要内容包括加速对先进制造的投资、开发新的教育和培训系统、优化联邦政府对先进制造 R&D(Research and Development)的投入、加强国家及区域涉及先进制造机构合作的伙伴关系等,为推进智能制造的配套体系建设提供政策与计划保障。

2014 年 2 月,美国国防部牵头成立了"数字制造与设计创新中心"(简称"数字制造",Digital Manufacturing)机构,旨在推进军事装备领域的智能制造创新探索;2014 年 12 月,美国能源部宣布牵头筹建"清洁能源制造创新机构之智能制造"(简称"智能制造",Smart Manufacturing),将信息通信技术与制造紧密融合,实现工厂和企业能源、生产率、成本的实时管理,其主要目标有 4 个,即产品的智能化、生产的自动化、信息流和物资流的合一、价值链同步。

2014 年 4 月,AT&T、GE、Cisco、IBM、Intel 成立工业互联网联盟。该联盟的成立主旨是让参与其中的各个公司更便利地连接和优化资产、便捷操作及共享工业数据,通过工业互联网的发展,不断提高制造业的柔性、灵活性、便利性,以达到最大化的网络协同、最低的成本控制、最优的制造过程,从而释放出更大的商业价值和潜力。

2016 年 9 月,Google、Facebook、Amazon、IBM、Microsoft 等五家公司联合成立人工智能联盟,提出了"人工智能造福人类和社会"的愿景,探讨了人工智能的发展方向,提出了未来的人工智能标准等,进一步推进了智能制造向更高层次发展。

目前,从美国智能制造研究部门对智能制造的定义来看,传感器技术、测试技术、信息技术、数控技术、数据库技术、互联网技术、人工智能技术、生产管理等相关技术共同构成了智能制造的主要技术内涵。数字设计部门通过计算机集成系统(由仿真、三维可视化、分析学和各类协同工具组成)，将设计、制造、保障和管理、服务需求进行全过程连接，以完善产品全生命周期与价值链的整体"数字线"设计；实施设计时，综合利用智能传感器、控制器和软件来提升制造的质量保障性，同时兼顾系统的安全性。企业以高效能传感器、控制和性能优化算法、建模与仿真技术为抓手，在决策、优化、控制环节构建了集成平台，统筹加强能源高效利用、决策控制精准实施、原料和运行资源统筹等，减少能耗、提高生产率、降低成本、实现环保绿色等，从而进一步提升装备制造以及产品的竞争力。

近年来，美国政府对智能制造加快部署，企业界、学术界加强紧密合作，推进工业制造互联、集成、柔性、通信、感知、计算、控制等进程，以网络、软件、智能决策等为主要特征，融合能源、材料、制造等基本应用，在生产、制造、管理、服务等方面推动传统制造模式的根本性变革，结合互联网、物联网、3D打印、云计算、大数据、新能源、新材料的应用更新，使产品制造由大工业时代的大规模生产转向多品种、小批量定制，更好地适应了消费者个性化需求，向更加智能、灵活、个性、柔性的模式演进；同时，通过智能制造推进传统能源领域的制造转型，向可再生能源转型，寻求生产的节能、低碳、高效之道，用以解决太阳能、风能储存问题，促进新的绿色能源开发，推进能源互联网建设，发挥智能制造对于能源开发利用协同优化的重要作用。在新材料革命方面，美国重点推进了"材料基因组计划"，对先进材料复杂的物理与化学特性可因不同的应用需要而进行相应的调整，从而通过智能制造使之发生新的变革；智能制造的推广领域向农业、交通、医疗等方面不断拓展，如推行"垂直农场"和"垂直农业"、智能交通、智慧医疗等，使制造业的数字化、网络化、智能化广泛应用到生产、生活的各个领域。此外，建立创新研究机构如卓越创新中心(MCEs)、制造业创新网络(NNMI)等，建设先进制造技术联盟(AMTech)等，降低制造企业税率、吸引商业投资、设立专项基金扶持先进制造业发展，同时积极配套制定人才培养计划等，为智能制造的全面推进提供了有力支撑。

(二) "德国工业 4.0" 概念的提出

"德国工业 4.0"的概念起源于 2011 年汉诺威工业博览会，旨在通过应用物联网等新技术提高德国制造业水平。2013 年，在德国工程院、弗劳恩霍夫协会、西门子公司等部门的大力推动下，德国联邦教研部与联邦经济技术部将"工业 4.0"计划纳入了《高技术战略 2020》。

"德国工业 4.0"计划的出台，紧紧跟随全球制造业变革的时代步伐。随着美国重振制造业等举措的出台，迎接新一轮科技与产业革命带来的挑战成为全球热点，信息科技、生物技术、新能源、新材料的融合发展，使工业制造酝酿着深刻的新变革，世界制造强国纷纷抢占制造发展的制高点，日本、韩国也纷纷出台举措，推进智能制造的发展。

在这种大背景下，德国制造的传统优势和特色面临新挑战，尽管其拥有世界一流的机械设备和装备制造，在嵌入式系统、自动化方面更是领先全球，但在信息技术、软件技术及互联网技术方面相对薄弱，生产的协同性、柔性化、个性化有所欠缺。

2013年德国推出"工业4.0"时，还没有严格的定义，只是使用描述性的语言概括了"工业4.0"的特征：它将使生产资源形成一个循环网络，具有自主性，可自我调节以应对不同需要；智能产品具有独特的可识别性；可使有特殊需求的客户直接参与产品设计、生产、销售、运作的各个阶段；实施"工业4.0"将使企业员工根据制造的目标控制、调节和配置制造网络和生产步骤等。

2015年4月，"德国工业4.0"平台发布《工业4.0战略计划实施建议》，对"工业4.0"给出了严格定义："工业4.0"概念表示第四次工业革命，它意味着可使产品生命周期内对整个价值创造链的组织和控制迈上新台阶，从创意、订单到研发、生产、终端客户产品交付，再到废物循环利用，包括与之紧密联系的各服务行业，在各个阶段都能更好地满足日益个性化的客户需求。所有参与价值创造的相关实体形成网络，获得随时从数据中创造最大价值流的能力，从而实现所有相关信息的实时共享。以此为基础，通过人、物和系统的连接，实现企业价值网络的动态建立、实时优化和自组织，根据不同的标准对成本、效率和能耗进行优化。

"德国工业4.0"的核心是建立信息物理系统CPS(Cyber-Physical Systems)，即将物理设备连接到互联网上，将资源、信息、物体以及人紧密联系在一起，让物理设备具有计算、通信、精确控制、远程协调和自主自治等功能，实现虚拟网络世界与现实物理世界的深度融合；其建设重点是智能工厂和智能生产，而智能工厂的重点是研究智能化生产系统、网络化分布设施，智能生产则侧重于人机互动、智能物流管理、3D 打印等先进技术的应用，以形成高度灵活、个性化、网络化的生产制造和管理的产业链；其内涵包括横向集成、纵向集成以及端对端的集成。横向集成是企业之间的资源整合、无缝合作，纵向集成是基于网络化制造体系实现个性化定制生产，端对端集成则是贯穿于整个价值链的工程化数字集成。

"工业 4.0"的总体特征就是数字化、智能化、人性化、绿色化。产品的大批量生产已经不能满足客户个性化定制的需求，要想使单件小批量生产能够达到大批量生产同样的效率和成本，就需要构建可以生产高精密、高质量、个性化智能产品的智能工厂。此外，通过分散的网络化和信息物理的深度融合，推进传统制造由集中式控制向分散式增强型控制的模式转变，从而建立起一个高度灵活的个性化和数字化的产品与服务的生产模式，打破传统行业界限，创造新的产业价值，重组形成新的产业链。

从内涵上看，"德国工业 4.0"的三大主题是：其一，**智能工厂**，重点研究智能化生产系统与过程，以及如何实现网络化的分布式生产；其二，**智能生产**，主要涉及整个企业的生产管理、人机互动以及3D 技术在工业生产过程中的应用等；其三，**智能物流**，主要通过互联网、物联网、务联网，整合物流资源，以充分发挥现有物流资源供应方的效率优势，同时使需求方可快速获得服务匹配，得到高效便捷、快速响应的有力支持。"德国工业 4.0"战略发布后，政府从技术研发、网络基础设施建设、信息安全、中小企业数字化项目发展计划、双元制人才教育培训项目等多方面予以重点支持。

(三) "中国制造 2025"的智能制造

近年来，我国智能制造随着信息技术与制造技术不断交叉渗透、深度融合的推进，对其定义、内涵及发展方向逐步有了比较清晰的概念，智能制造成为"中国制造 2025"战略中最突出的主攻方向。

20 世纪 90 年代，中国开始研究智能制造，宋天虎教授认为智能制造在未来应该能对工作环境自动识别和判断，对现实工况做出快速反应，以实现制造与人、社会的相互交流。

中国机械工业学会在 2011 年出版的《中国机械工程技术路线图》一书中提出，智能制造是研究制造活动中的信息感知与分析、知识表达与学习、智能决策与执行的一门综合交叉技术，是实现知识属性和功能的必然手段。

2013 年，熊有伦院士认为智能制造的本质是应用人工智能理论和技术解决制造中的问题，智能制造的支撑理论是制造知识和技能的表示、获取、推理，而如何挖掘、保存、传递、利用制造过程中长期积累下来的大量经验、技能和知识，是现代企业急需解决的问题。他概括性地提出：智能制造代表制造业的数字化、网络化、智能化，蕴含着丰富的科学内涵，如人工智能、脑科学、认知科学等，同时将专家的知识经验融入到感知、决策、执行等各个环节中，覆盖产品制造的全生命周期，涉及智能制造技术、装备、系统、产品、服务等全产业链。

卢秉恒院士和李涤尘教授认为，智能制造应具有感知、分析、推理、决策、控制等功能，是制造技术、信息技术和智能技术的深度融合。

中国机械工业集团郝玉研究员认为，智能制造是能够自动感知和分析制造过程及其制造装备的信息流与物流，能以先进的制造方式，自主控制制造过程的信息流和物流，实现制造过程自主优化运行，满足客户个性化需求的现代制造系统。智能制造的基本属性有三个，即对信息流与物流的自动感知和分析；对制造过程信息流和物流的自主控制；对制造过程运行的自主优化。

2015 年"中国制造 2025"出台，第一次从国家战略层面对智能制造的发展提出了目标内涵。之后，智能制造的"十三五"发展规划和专项行动方案等也陆续推出，进一步准确定义我国智能制造的概念，并结合我国制造业发展的实际情况，对如何发展具有中国特色的智能制造提出了战略部署与路径选择。

"中国制造 2025"提出的实施智能制造工程，重点在于推进信息化与工业化的深度融合，把智能制造作为两化深度融合的主攻方向，着力发展智能装备和智能产品，推进生产过程智能化，提升研发、生产、管理和服务的智能化水平。

在《2015 年智能制造试点示范专项行动实施方案》中，对智能制造的定义是：基于新一代信息技术，贯穿设计、生产、管理、服务等制造活动各个环节，具有"信息深度自感知、智慧优化自决策、精准控制自执行"等功能的先进制造过程、系统与模式的总称。

智能制造的主要内涵概括为：以智能工厂为载体，以关键制造环节智能化为核心，以端到端数据流为基础，以网络互联为支撑等特征，可有效缩短产品研制周期、降低运营成本、提高生产效率、提升产品质量、降低资源能源消耗。智能制造的主要作用是：通过网络互联打通端到端数据流，从关键制造环节和工厂两个层面实现智能化，从而在绿色发展的基础上，从速度、质量、成本三个方面提升制造业核心竞争力。

此外，《智能制造发展规划(2016—2020 年)》作为"十三五"时期指导智能制造发展的纲领性文件，统筹部署了国内智能制造发展、全面推进制造业智能转型的战略格局。

该规划提出将发展智能制造作为长期坚持的战略任务,分类分层指导,分行业、分步骤持续推进,"十三五"期间同步实施数字化制造普及、智能化制造示范引领,以构建新型制造体系为目标,以实施智能制造工程为抓手,着力提升关键技术装备安全可控能力,着力增强软件、标准等基础支撑能力,着力提升集成应用水平,着力探索培育新模式,着力营造良好发展环境,为培育经济增长新动能、打造我国制造业竞争新优势、建设制造强国奠定扎实的基础。

二、 智能制造的特征及对比

(一) 智能制造的总体特征

智能制造技术已成为制造业变革的发展趋势,其总体特征主要有以下四个方面。

1. 构建信息物理系统(CPS)

信息物理系统(CPS)将工业制造中的硬件、材料、器件、设备等必备信息转换为虚拟信息,为实现智能制造提供环境和条件,具体看,主要包括智能机器、仓储系统以及生产设备的信息化,基于通信技术将其融合到整个网络,涵盖内部物流、生产、市场销售、外部物流以及延伸服务等,并使其相互之间可以进行独立的信息交换、进程控制、触发执行等,以此达到全部生产过程的信息化、智能化,从而将资源、信息、物体以及人紧密地联系在一起,实现人机一体化,并实现生产工厂的智能化转变,这是实现工业 4.0 的前提和基础。

2. 制造系统全息集成

通过构建信息物理系统(CPS),实现制造系统纵向、横向以及端到端的集成,使制造系统的所有信息都集中到一个大系统中,达到全息集成,这是实现智能制造的关键。

纵向集成主要是指企业内部各单元之间的集成,通过将企业内不同的 IT 系统、生产设备等进行全面集成,建立一个高度集成化的大系统,为智能工厂中的网络化制造、个性化定制、数字化生产提供系统平台的支撑,使信息网络和物理设备之间完全联通,解决传统制造中的"信息孤岛"问题。这样,实现企业内部信息流、资金流、物流等的全息集成,打通生产集成(如研发设计内部信息集成)、产品全生命周期集成(如产品研发、设计、计划、工艺到生产、服务等),从而在企业内部实现所有环节与信息的无缝链接,为实现智能化制造提供强有力的支撑。

横向集成是指"将各种应用于不同制造阶段和商业计划的 IT 系统集成在一起，这其中既包括一个公司内部的材料、能源和信息的配置，也包括不同公司间的配置(价值网络)"(《德国工业 4.0 战略计划实施建议》)。换言之，横向集成就是以供应链为主线，实现企业间的三流合一(物流、能源流、信息流)，实现社会化的协同生产。

端到端的集成是指"通过将产品全价值链和为满足客户需求而协作的不同公司集成起来，现实世界与数字世界完成整合"(《德国工业 4.0 战略计划实施建议》)。换言之，端到端的集成就是集成产品的研发、生产、服务等产品全生命周期的工程活动，典型例子如小米、苹果手机围绕产品的企业间的集成与合作。

3．制造过程全程控制

智能制造的过程中，传感设备及时对自动化生产线上的数据信息和运作状态进行采集、传输和处置，人、机、产品之间可实现良好的互联互通，制造过程受到数字化、网络化、智能化的全程控制。

生产数据自动采集是全程控制的基础。利用各种自动传感设备来检查、测试系统和设备运行中是否存在故障，实施及时的故障检测、故障定位，对采集到的生产数据运用大数据的分析方法进行分析，结合故障以及寿命预测算法，对设备寿命进行评估；同时，通过对设备状态的实时检测，了解设备的运行状态，可以为任务动态调度提供依据。在这个过程中，数据信息直接反映了制造过程的动态，为实现全程控制提供信息支撑。

信息物理系统(CPS)是智能制造的硬件，数据信息是智能制造的软件。人、机、数据信息、设备产品之间互联互通，机器之间可以直接通信，进行信息交互，人与机器间的通信结构为网状，可大大提高信息交互的效率，为个性化生产提供了可能。同时，智能工厂不是无人工厂的"代称"，德国企业的实践证明，工业3.0并不需要达到100%的自动化，未来工厂里人依然将发挥重要的控制和决策作用。人与机器各有所长，人有丰富的经验和更高的灵活性，机器具有较高的一致性，二者的共融共存、交互发展，是实现智能制造发展的真正路径。

4. 管理服务体系融通

智能制造的数字化、网络化、智能化，不仅体现在制造过程中，也延伸到制造的前端与后端，即客户需求、个性定制、市场信息、管理服务等企业与用户之间的无缝衔接，用户可以在设计、制造以及售后等全部环节都能互动参与产品制造的全过程，通过终端实时监控、延伸产品的用户体验，使多样化、全方位的用户体验成为可能，以实现低成本的定制化服务。管理服务体系的相互融通，打破了传统制造信息隔绝、链条间断、需求与制造对接滞后、服务与个性满足不足的弊端，使产品制造与管理服务模式融为一体，将制造的链条延伸到市场、客户、社会，创造了新的制造、商业、生活紧密衔接的模式。

（二）智能制造与传统制造的主要区别

智能制造是在传统制造的基础上发展起来的，与传统制造存在着很大差别，是更高级的制造模式。从发展趋势看，智能制造是智能机器和人类专家共同组成的人机一体化系统，通过人与智能机器合作，扩大、延伸和部分取代人类专家在制造过程中的脑力劳动。智能制造更新了制造自动化的概念，使其扩展到柔性化、智能化和高度集成化。智能制造与传统制造的异同点主要体现在产品的设计、产品的加工、制造管理以及产品服务等几个方面。

有学者认为，制造系统的核心要素可以 5 个 M 来表述，即材料(material)、装备(machine)、工艺(methods)、测量(measurement)和维护(maintenance)，历史上的三次工业革命都是围绕着这 5 个要素不断升级、演进的。而从智能制造与传统制造的主要区别分析，智能制造要解决的核心问题是知识的创造、传承和发展，其与传统制造最重要的区别在于第六个 M，即建模(modeling)，并且智能制造正是通过建模、虚拟、仿真来驱动其他 5 个要素。如，借助模拟仿真设计实现制造源头的变革，进而通过传感、管控、集成、优化来打通制造全过程的数字化、网络化、智能化发展。因此，一个制造系统是否能够被称为智能制造系统，主要的判断依据是：一看是否能够学习人的经验，从而替代人来分析问题和做出决策；二看能否从新的问题中积累经验，推进机器学习、人机交互等更高层次的制造模式；三看是否能在虚拟数字世界和真实物理世界之间建立起人机相互融合、互相联系的机制，实现整个生产制造、管理服务等的全链条体系，通过数字化、网络化、智能化改变制造的根本样态，达到从产品、装备、生产、管理、服务的一体化、系统化、整体性的彻底变革。传统制造与智能制造的主要区别如表 1-1 所示。

表 1-1 传统制造与智能制造的主要区别

	传统制造	智能制造	主要区别
设计	根据功能设计、固化设计 面向产品制造、批量化 更新慢、周期长、非实时	根据需求设计、虚拟、模拟、仿真 面向客户需求、个性化 更新快、周期短、实时化	模式理念 方式手段 需求实现
加工	机械或自动化固定生产 大规模单品单一制造 人工或仪器检测 人和制造装备分离 传统减材加工成型	柔性化与个性化加工制造、可实时调整制造程式 多品种、可变性、灵活性 智能传感、在线网络实时监测 人机交互、网络协同、智能控制 减材、增材混合加工制造	生产组织 质量监控 制造加工
管理	人工组织管理 计算机辅助管理	计算机数字化、网络化管理 机器、信息、人的交互集成管理 信息物理系统智能化管理	管理方式 管理手段 管理范围
服务	仅限于产品本身的服务 缺乏个性需求服务配套	产品的全生命周期及衍生服务 完善并演进的系统化服务	服务对象 服务方式

（三）工业 3.0 与工业 4.0 的异同

我国要发展智能制造，就要妥善解决迭代发展的问题，就要解决补齐工业 2.0 基础、实现工业 3.0 推进、迈向工业 4.0 目标的关键瓶颈，而真正理解、区分工业 3.0 与工业 4.0 异同，是迭代发展中需要从理念上厘清的一个主要问题。

工业 3.0 的主要特征是自动化。

早在 20 世纪 60 年代，英国就提出了柔性制造的概念，即运用自动化技术，由计算机实施控制，实现从机电一体化向管控一体化、模块化加工、敏捷适应、多品种小批量制造的转变。之后，随着通信技术、计算机技术、传感技术的快速发展，自 20 世纪下半叶开始，自动化制造模式得到进一步提升，提高了生产效率、实现了集中管理、节约了成本、确保了质量。柔性制造为工业 3.0 向工业 4.0 的迈进提供了渐进式的过渡引导，其他类似的还有敏捷制造、离散制造等，都是工业 3.0 演进发展的拓展模式。敏捷制造指制造企业采用现代通信手段快速配置技术、管理和人力等多种资源，实现制造的敏捷性；离散制造则是由不同零部件加工子过程或并联或串联组成的复杂的制造过程，其过程中包含着更多的变化和不确定因素，需要借助信息技术、软件技术等实现制造的复杂性。

工业 4.0 的主要特征是智能化。

智能制造是工业 4.0 的核心，就是在数字化、网络化、智能化技术与产业发展支撑下，实现制造的计算机自动控制、研发设计模拟仿真、产品全生命周期制造管控、生产过程传感监控、网络协同制造管理服务等，将专家的知识经验融入到制造过程中，赋予产品制造在线学习、知识进化、机器智能等新的功能，以及从制造的全过程和全产业链乃至更广义范围下的高级智能化制造新模式，同时随着信息技术、人工智能技术、仿生技术、生物技术、新材料等的不断创新与发展，把制造的决策、分析、需求、设计、管理、生产、服务等整个环节纳入到制造体系中，其标准和概念还将随着新的技术和产业发展的样态变革而不断发展。

工业 3.0 与工业 4.0 均是建立在计算机技术、控制技术、传感技术等基础上的先进制造模式，是对传统机械制造、电气制造的提升、改造，代表着信息时代工业发展模式的演进。

工业 3.0 与工业 4.0 既有区别，也有联系。总体上看，工业 3.0 的发展为工业 4.0 奠定了坚实的基础，使单一种类的大规模自动化生产向多品种、小批量定制方向转变，生产制造的柔性、个性、灵活性得到进一步拓展，效率更高、成本更低、信息更加完整、制造更加智能；传统的工业制造界限在新模式的带动下逐渐变得模糊起来，一体化的资源整合、信息集成与共享得到加强，打通了工业制造上中下游的全部产业链，使技术、需求、生产、市场、客户等多个要素在网络协同、数据传感、制造管控、信息反馈、智能决策与分析、机器学习、大数据应用、高级人工智能等新方法、新技术、新应用的发展下，构建更高级形态的工业制造新模式。

三、智能制造的未来

智能制造正处于一个不断变化的动态发展过程。未来的智能制造，不仅将硬件、软件高度集成，把物理世界与信息世界融为一体，而且以大数据的多元集成实现信息的全面掌控，使制造的模式愈加智能，人机交互、人机融合、人工智能将得到更大的发展和应用，传统的制造边界和领域将发生巨大的变化，多元、跨界、融合、集成、理解、洞察、智慧、预见等高级智能发展的趋势会更加突出。

当前，互联网、物联网、务联网将智能制造网络体系的路径拓展到更加宽泛的领域，为构筑起全面发展完善的信息物理系统(CPS)搭建了新的平台；而工业制造的精益自动化、工业架构扁平化、信息数据全息化，为信息技术与制造技术的深度融合打通了必备的通道；大数据、云计算、智能机器人、虚拟现实、增强现实、自然语言理解、机器学习、预测分析、人工智能技术等的发展，使智能制造在硬件建设和软件建设上并驾齐驱；个性定制、柔性流程、全程跟踪、全方位服务也将打通产品全生命周期的各个产业链，在能源、交通、医疗、教育、金融、传媒等各个领域得到快速推广和广泛应用。

可以预见，未来的智能制造将融合技术、产业、市场、人才等诸多因素于一体，创造出人类生产与生活新的模式和场景，在工业制造历史上翻开崭新的一页！

第二章
人才培养的矛盾与问题

　　智能制造的发展趋势对"智造型"人才的培养与成长提出了新的要求，使现有人才供给的矛盾与问题进一步凸显。在传统制造模式上将信息、传感、通信、人工智能等技术融入到制造全过程的智能制造，是对工业 1.0、工业 2.0、工业 3.0 的提升，颠覆了制造业的原有生态，需要具有新一代信息技术与制造技术兼备的复合型制造人才；而支撑智能制造未来发展的根本要素仍然是人，人才是推进智能制造的核心，"智能"正是人的知识、经验、思维、能力、技巧、技术在制造中的固化与演进。因此，"智造型"人才的培养与成长是智能制造发展不可或缺的必备要素。

　　我国发展智能制造，既要兼顾工业产业的转型升级，也要占据高端制造的前沿先机。因此，从工业 2.0 到 3.0、4.0 的推进是一个复杂的迭代发展过程，对人才的需求和人才的自身成长，也呈现出矛盾交织的多元化状态，培养与成长战略的制定也需要立足实际、放眼长远，把未来趋势与当前现实有机地结合起来,寻找合适的路径与方法进行重点推进。

一、智能制造人才的供需矛盾

智能制造需要一大批**"智造型"**人才,他们既掌握不断发展的新一代信息技术,也熟识生产制造的关键过程,对高端装备制造的主要领域有深刻了解,属多学科交叉复合型人才。而当前这类"智造型"人才的供需矛盾十分突出,培养与成长中的问题愈发凸显。

当前,我国一般制造人才的市场需求供给相对过剩。2016 年全国工业增加值为 24.7 万亿元人民币,制造业虽规模大但实力不强,主要表现在高端装备的制造装备大部分依赖进口,关乎智能制造的芯片制造对外依存度高,操作系统、工业软件、数据库等核心技术与产品依赖进口,信息安全存在很大隐患,关键部件、先进制造工艺、设备、检测、服务等仍存在不足,自主创新能力弱,智能制造的硬件基础和软件核心均比较匮乏。而对比硬件与软件的投入与产出,硬件比较容易解决,软件不大容易解决,尤其是人才的智力劳动、知识的价值体现,是推进智能制造最关键的核心要素。

从我国智能制造的长远发展看,重点人才的培养仍然欠缺。智能制造是制造业的数字化、网络化、智能化,具有知识进化、智能感知、在线学习、信息集成等功能,包括技术、装备、系统、产品、服务等多方面内涵。智能制造的发展,要求智能技术和制造技术深度融合,知识进化、人工智能、智能网络高度统一,杰出的领军人物、卓越的工程师、高素质高技能的劳动者高效协同。而智能制造重点人才的缺乏是制约其发展的主要瓶颈，参照德国工业 4.0 的定义，我国若干制造设备的水平可达工业 3.0，软件可达工业 2.5，而智能制造人才的水平却难以估计，市场大量缺乏。

(一) 传统制造人才供给过剩

从人才供需关系上分析，我国原有的人口红利结构改变、生产要素成本上升。国家统计局公布的数据显示，2012 年我国 15～59 岁的劳动力人口第一次出现了绝对下降，比上年减少 345 万人；之后，2015 年劳动力规模由 2012 年的 9.37 亿降至 9.11 亿人。由此可见，我国劳动力人口绝对值连续 4 年下降，人口红利的结构正在发生新的转变。

同时，在传统劳动密集型产业、资本密集型产业发展的基础上，知识密集型产业的示范与引领作用越来越突出，人口红利、劳动力红利将随着智能制造对传统产业的改造以及高级人工智能技术在装备、工具、产品制造上的突飞猛进而发生颠覆式的变革，从而深刻影响未来人才需求的变化，特别是人才的培养与成长。

当前，人口红利结构改变，传统的工业制造人才供给过剩。2016 年美国国家科学委员会《科学与工程指标》数据显示，2012 年时，中国工科院校人才的培养规模居于全球第一(见表 2-1)。但是从近年毕业的本科生、高职高专学生就业的情况看，传统制造业的就业率偏低，而新兴战略产业尤其是信息技术等高新产业的就业率高，市场需求旺盛，这与我国制造业急需转型升级的现实十分吻合，从一个角度反映出当前大学、高职高专人才培养与企业、行业、社会需求之间存在一定的差异，需要在培养与成长的方向、模式及策略上适应新的形势发展的需求。

表 2-1 2012 年主要国家(或地区、经济体)工科毕业生人数及比例

国家/地区/经济体	毕业生总数	工科毕业生数	占所在国家(地区)毕业生总数比例(%)	占世界工科毕业生总数比例(%)
亚洲	10 691 433	1 826 360		72.1
中国	3 038 473	964 583	31.7	38.1
印度	5 469 330	548 907	10.0	21.7
日本	558 692	87 544	15.7	3.5
欧盟	2 602 040	193 030		7.6
法国	311 026	22 707	7.3	0.9
德国	386 090	43 818	11.3	1.7
英国	389 296	16 435	4.2	0.6
非欧盟	1 518 411	150 015		5.9
俄罗斯	1 406 050	142 806	10.2	5.6
北美	2 404 584	160 066		6.3
加拿大	168 183	9 471	5.6	0.4
墨西哥	425 754	67 332	15.8	2.7
美国	1 810 647	83 263	4.6	3.3
世界总数	20 433 355	2 534 843		

数据来源：美国国家科学委员会《科学与工程指标》(2016)

2018 年美国国家科学委员会《科学与工程指标》显示，到 2014 年，中国科学与工程学士学位的总人数增长到 165 万，美国为 74.2 万人，但美国授予博士学位的总人数仍居第一，约 4 万人，中国次之，为 3.4 万人；在中国所授予的所有学位中，近一半在科学与工程领域，科技人才数量增长十分明显。而同时，中国工业制造仍主要集中在较低附加值的领域，劳动力队伍的知识、能力、素质亟待提高，适应新经济、新制造、新服务需求的创新人才培养模式有待改进和提升，工程科学家、优秀工程师、高技能人才的市场缺口十分庞大，不仅在人工智能、大数据、物联网等前沿方向上缺乏高端人才，如研究人员占劳动力人口的比例仅为 0.2%(美国 0.9%、韩国 1.4%)，而且在工业制造的传统领域中高技能人才也十分缺乏，制造水平、工艺、质量等方面与制造强国相比差距较大，技能工人的知识、技能、素养亟待提高。

新经济、新业态引领下的信息工程等相关专业领跑产业升级。以毕业生的就业来分析产业需求与变迁状况。麦可思研究院发布的《2017 年中国本科生就业报告》数据显示，2016 届本科就业量最大的前 50 个专业中，高居就业率榜 Top5 里的专业中信息类专业就占了 3 个，分别是软件工程(96.5%)、电气工程及其自动化(95.5%)以及信息管理与信息系统(95.4%)。从行业占比来看，就业的学生中，专业与"媒体、信息及通信产业"相关的 2016 届本科毕业生占 10.3%、与 2015 届(10.5%)相比持续保持在高位，比 2014 届(8.5%)高出 1.8 个百分点。

但是，一些传统学科专业在就业上显现出陈旧、难就业、发展前景不看好等情况，尤其是传统的工业制造业工科类毕业生。根据麦可思研究院数据分析可知，在产业转型升级的背景下，传统制造业面临挑战，对工科毕业生的就业产生明显影响。从接收能力来看，2012届工学本科毕业生有 42% 在制造业就业，到 2016 届下降至 32.3%；从就业满意度来看，满意度最低的十大行业里，制造业占了 9 个，分别是金属制品制造业、农药化肥和其他农业化学制造业、其他通用机械设备制造业、单件机器制造业、塑料用品制造业、乳制品制造业、电气照明设备制造业、五金用品制造业、有色金属生产和加工业等。

《2017 年中国高职高专生就业报告》数据显示，以建筑、加工制造为主的传统劳动密集型产业就业面临挑战，而现代服务业包括金融、媒体及信息通信、教育、医疗等产业就业率提高，总的趋势是：传统制造业就业比例明显下滑、建筑业有所上升、媒体及信息与通信产业先降后升。高职高专生就业状况与本科生就业状况相比，基本一致。

从工程人才培养规模第一，到新经济、新业态引领下的产业升级，再到传统制造业的就业率下滑等，这些现象的实质原因是在现代制造业不断更新换代的背景下，人才培养与成长的不适应。从相关数据也可以反映出，传统制造业亟待转型升级，在智能制造为引领的新一轮科技与产业革命到来之际，人才的培养与成长必将发生新的实质性变革。

(二) 智能制造人才供给不足

智能制造是新的工业制造样态，其人才培养是综合性交叉复合型培养模式。不同于传统工科，智能制造人才的培养从数量、质量、行业、地域上均存在培养不足的问题。

根据工信部 2017 年《智能制造人才计划课题研究报告》预计，我国智能制造人才到 2020 年总量需求大约 1140 万人，占全部人力资源总量的 6.33%，占制造业从业人员总量的 27%。其中，从重点领域专业人才的需求分析看，诸如系统集成、工业软件、物联网及务联网、信息安全等方面的人才急缺，例如工业软件人才每年缺口为 20 万人。

而从地域分布情况来看，长三角地区工业化进程属于中后期阶段，门类齐全，传统的工业制造也比较发达，例如纺织、机械、钢铁、汽车、石化等，同时电子信息、生物医药、新材料等高新技术产业，也呈现出蓬勃发展的趋势。以苏州、常州、无锡为主的智能制造呈现出迅猛发展的势头，对智能制造人才的需求量非常巨大，从系统设计人才、优秀工程师、高技能人才等，均反映出适应产业转型升级的迫切需求，对研究生、本科生、高职高专生等各类人才的实际需求，与智能制造的发展趋势吻合度高，也集聚了一些国内外著名的高校、地方性高职院校等，如昆山杜克大学、西交利物浦、苏州大学、苏州市职业大学等，在智能制造人才的培养上具备了一定的地方性基础与优势。珠三角地区在电子通信设备制造业方面具有坚实的基础，特别是深圳市，是电子信息产业、高新技术研发的聚集地、制造基地，其通信设备、计算机、电子产品、新一代信息技术、互联网等产业发达。从国内外名校的分校到深圳大学、南方科技大学以及深圳职业技术学院等情况来看，在围绕高新技术和智能制造的前沿发展上，人才培养的布局与体系在与产业的紧密结合中不断完善,适应了当地制造业转型升级的实际需求。而我国中西部和其他地区在发展智能制造上,产业推进相对缓慢,智能制造人才的培养在当地相关院校仍存在前瞻不足、培养方案更新不够、课程体系相对滞后等问题。

目前,我国工科院校中电子信息类高校的数量与规模仍有一定差距,工科院校中开设电子信息类专业的状况也在一定程度上存在着前瞻性不够的问题,特别是在工业制造行业与电子信息类专业的深度融合上存在着"两张皮"的现象,真正意义上的交叉复合培养模式还没有建立起来。

另一方面,电子信息类院校的人才就业渗透到各个行业领域,具有越来越明显的需求递增的趋势,而行业领域内的人才培养急需信息技术引领。智能制造人才培养不足的主要问题根源是,信息技术与制造技术融合的复合型教育模式未能及时构建起来,而如何发挥各自的培养特色与优势,将信息化、智能化专业教育与行业领域应用需求的专业教育融合,在复合型人才培养、创新型人才成长方面拓展新的路径,仍然是一个悬而未决的问题。

(三) 协同培养亟待加强

智能制造人才培养与成长的供需矛盾源于制造业新样态催生的技术与产业革命的新需求,而工程教育与行业产业发展的匹配、跟进不足,导致传统制造人才过剩、智能制造人才缺乏。此外,在大学培养与企业需求、人才分类培养与规划、人才综合素质锤炼方面也存在一定的矛盾，系统的协同培养亟待加强。

第一，大学培养与企业需求脱节、衔接不畅的矛盾。大学培养是重要的打基础阶段，从工科大学培养的目标和趋势看，具有一定的专业知识基础、较强的动手实践能力、创新的思维意识和良好的职业素养，是传统培养模式中最为重要的核心内涵。而随着制造业的新发展尤其是信息技术对传统制造技术的提升与改造，大学的人才培养观念也需要及时予以调整、跟进，以适应制造业发展的未来需求。例如，传统的工业制造业需要的是具有简单基础知识和实际制造技术的工人，智能制造则需要具备数字化知识、信息化技术并能将之运用于传统制造领域的复合型人才，因而大学教育的观念应当适应制造业的变革，同时转变原有对工程重视不够、对制造认知轻视的偏颇，紧密加强与企业、行业、产业的合作，使大学的人才培养更加具有针对性和实际应用性。

当前现实中存在的矛盾是，大学的人才培养滞后于企业的实际需求，校企合作存在障碍性矛盾。回顾我国大学在建国初的发展，既有诸多综合性大学，也有一些行业特色鲜明的工科大学，如农、林、水、地、矿、油、电子信息等院校，大学的人才培养与行业紧密结合，校企合作不存在根本的障碍性矛盾，为新中国成立初期和历史发展培养出了一大批行业人才，做出了历史性贡献。而现有的大学教育与企业需求、行业需要之间存在明显的脱节现象，大学发展追求综合化，大而全的模式一度盛行，培养方案、课程体系、实习实训等与企业的实际应用距离较大，课程更新慢、应用针对性差、实践能力弱，致使毕业生在就业初期需要重新花费很大的精力和时间去再学习、再实践，企业也要下大气力进行员工培训。可见，大学培养与企业需求之间没有完成有效的衔接，存在明显的"两张皮"现象，造成了资源浪费、时间浪费、精力浪费。校企之间在人才培养与成长方面存在的深层次矛盾急需解决。

第二，人才培养规划欠缺与成长迫切需求之间的矛盾。大学发展不能"千校一面"，人才的培养与成长也应当分类、分层次，形成科学合理的规划布局与定位，使"人尽其才、才尽其用"。从智能制造人才的分类培养与成长来看，基本应当有顶级人才、高级人才、中级人才、基层人才之分。顶级人才是系统架构师、设计师，能够搭建CPS(Cyber-Physical Systems)系统，他们是在大学教育基础上经过长期自身实践锤炼成长起来的，不可能单纯依靠大学教育培养出来；而高级人才是系统工程师、集成设计师，能够对数据处理、数据分析、信息传感、软件集成等关键技术进行宏观把握，能够解决实际工程问题，他们是在大学教育基础上结合实践培养和成长起来的；中级人才是专业的工程师，是学科交叉的复合型创新人才，能够解决工程中的实际问题，他们是在大学教育基础上结合工程实践逐步成长起来的；基层人才主要是高技能工人，他们是通过校企合作培养和成长起来的。总的看来，这些不同类型、不同层次的人才培养与成长，与学历教育中的博士及其以上、硕士、本科、高职高专等各个层次的教育教学基本对位，而在大学培养、校企合作、企业成长等重点环节的连接链条上，系统的规划不足，缺乏一个有目标性、有针对性的发展规划和标准,使人才培养方案的制订、课程体系的更新、实践能力的锤炼等细节问题不能及时解决,制约智能制造人才培养与成长可执行举措的具体矛盾依然存在,需要着力破解。

第三,知识、能力、素质发展不均衡的矛盾。知识不代表能力,能力不代表素质,知识、能力、素质是智能制造人才不可或缺的三大重要内涵,而面向智能制造的新发展,人才的知识、能力、素质发展不均衡的矛盾依然存在。无论是大学培养,还是企业培训,或是个人的成长,知识、能力、素质的协同发展都是制约智能制造人才培养与成长的一个关键点。从知识学习来看,现有的大学教育、高职高专教育,普遍存在以单一专业学习为主、跨学科知识交汇贯通缺乏的现象,学科发展、专业设置、培养目标、课程体系滞后于智能制造技术和产业发展的步伐,知识更新慢、复合交叉少。例如,智能制造所需要的通信、传感、控制等基础知识本身就需要学科专业的交叉融合,而目前很多院校仍然是以各自独立的专业目录和课程体系来培养学生。从能力培养来看,大学教育中课程学习多、实践锻炼少,学生真正接触到智能制造一线的实习实训缺乏,大多数工科院校的专业发展仍停留在传统工业制造范畴,以"新工科"为代表的新概念落实到教育教学改革中的具体举措还未真正兑现,校企深度合作缺乏,存在着内在性的机制制约,壁垒鲜明,打通校企合作联合培养智能制造人才的高效通道还未真正建立。从素质养成来看,"回归工程"的优秀工程师精神、"大国工匠"精神、对事业的专注度与忠诚度、精益求精的坚持与执着品质,在当前人才培养的实践中出现明显的弱化和退化现象,市场大环境中浮躁、急功近利的思想依旧比较盛行，投身制造业主要经济实体的激励机制、文化氛围、社会软环境仍然比较薄弱，受功利思想、拜金思想影响的人才的价值观、就业观、事业观、人生观急需重建。总体来看，面向智能制造的知识、能力、素质，在不同类别的人才培养与成长以及综合化均衡发展上，仍存在深层次的矛盾需要解决。

二、智能制造人才培养与成长的问题

智能制造人才的培养与成长，不仅在市场供给与需求上存在矛盾，在现有的工程科技人才培养和面向工业制造新发展的适应方面仍然存在很多问题，与智能制造蓬勃发展的趋势不相匹配，急需着力予以解决。

(一) 人才体系急需构建

智能制造所需要的人才的知识、能力、素质与传统工业制造的要求不同，应当包括通信、计算、控制等信息技术方面的交叉知识和分析处理能力，以及工业制造的基础知识和基本技能，同时应有强烈的敬业精神、创新思维、前瞻视野、专注品质等。而这种不同于传统工业制造的知识、能力、素质，在目前的大学培养、企业培训中均存在一定的问题和不足，从人才的社会发展实际看，同样缺乏统一的协同培养与成长的系统机制，整体架构需要加快构建。

从大学人才培养的实际情况看，无论是工科大学还是电子信息类高校，在知识体系的更新上普遍滞后于工业制造的一线发展，大学的培养方案和课程体系大多仍停留在工业 2.0 的基础上，对工业 3.0 的发展需求有一定程度上的改革与跟进,但总体上围绕智能制造的方向和前沿所做的布局与规划仍然欠缺,对工业 4.0 的思考布局、具体举措仍属空白。而工科院校原有的以专业培养为主的单一模式,在很大程度上制约着复合型人才的培养,虽然也在大类招生,开设各种实验班、试点班等加强基础知识和能力的培养,但从智能制造的实际需求出发,着力培养多元化的复合型人才,还缺乏有效的体系、标准、方案以及与之相适应的课程体系。在学科专业建设与课程体系设计中体现有机融合、跨学科特性方面略显不足,在相关课程知识体系设计中,应以社会需求为中心,突出学生主体地位,注重创新创业能力培养,构建覆盖前沿课程的拓展性课程体系等。同时,学生动手操作能力、实践创新能力、工业制造基础能力的实习实训仍比较缺乏,对智能制造一线实际操作的能力需求的了解和掌握不足。

从企业人才成长的实际情况看,企业以效益发展为目标,注重经济效益、社会效益,产品的生产制造是企业工作的中心,人力资源是企业长远发展的核心动力。围绕智能制造的发展,数字化、自动化、网络化、柔性化、个性化是企业智能制造的未来趋势。企业的优势在于制造设备、硬件基础,其拥有许多可实际生产操作的先进设备仪器,面对生产制造的实际,在推进智能制造的进程中,具有强劲的动力和潜力。大中型企业在员工培训方面具有资金、场地、环境等方面的条件支撑,在人才成长方面具有鲜明的需求导向和应用引领。但企业人才培训与成长的长远规划不足,许多中小企业在人才储备、人才梯队建设上缺乏长远谋划,在产业发展的前瞻性、公益性方面重视不足,投入人才成长的知识再教育、综合技能提升等方面亟待加强。

从大学培养与企业成长的衔接上看，人才培养的体系结构还未充分适应和推动产业发展变革，大学教育与企业人才使用及培训之间存在脱节现象，未能真正形成对产业结构转型升级的有力支撑，特别是在"中国制造2025"、"互联网+"新战略要求下，对工程人才培养模式的改革急需按照新形势要求进一步调整优化人才培养体系结构，调动全社会力量参与工程技术人才的培养工作，打通人才培养与成长的有机通道，构建起行业领军人才、专业技术人才、高技能人才分类培养、衔接有序的崭新模式。

(二) 院校培养急需改革

我国的智能制造，是迭代发展的智能制造，是建立在中国工业现阶段行业领域不十分均衡发展基础上的制造。当前，随着信息技术、智能技术与传统制造技术越来越紧密的结合、越来越广泛的应用，传统工程教育的步伐已经滞后于智能制造实际发展的需求，人才培养的机制和模式迫切需要改革。

从院校培养的角度看，无论是本科以上高校还是高职高专，围绕智能制造的新发展，需要在培养方案、培养目标、专业设置、课程体系、实习实训等各个环节推进改革举措，紧跟智能制造的发展需要，占据未来人才培养的高地，以适应智能制造的发展需求。

总的来看，本科以上高校在学术型人才培养上具有坚实的基础，理论型人才、研发设计类人才的培养具备良好条件，在"中国制造

2025"的十大重点领域、智能制造的相关专业方向、传统制造业转型升级的关键技术上积极拓展,推进教育教学改革。高职高专面向智能制造企业的需求,紧密加强校企合作,在高技能应用人才的培养上开辟了诸多新路,在贴近生产制造的一线需求、着力解决企业的实际需求、提供有针对性的技术人才支撑方面取得了明显进展。

本书选取了 2 所工科高校及 5 所电子信息类高校,主要以调研面向智能制造的人才培养为主题,对所获得的相关数据进行分析。根据数据分析,调研取样中的多数学校将电子信息技术与国家重点领域发展相结合,成立了新的学院,突破了跨学科、跨专业人才培养的新模式,相关专业领域毕业生数量占全校毕业生总数的 2/3 以上。涉及电子信息类专业的部分院系及毕业生规模 2016 年度统计情况如图 2-1 和图 2-2 所示。

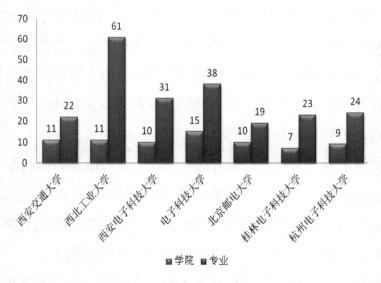

图 2-1　相关院校的院系及专业个数设置

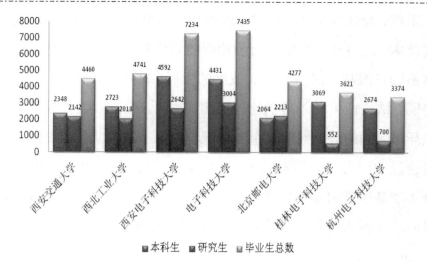

图 2-2 相关院系毕业生规模

在调研的七所高校中，涉及生物医学类、智能科学与技术类、新能源类、空间科学与技术类、飞行器控制与工程类、新材料类、安全工程类等专业是部分高校围绕制造业发展，根据急需人才情况新设的重点领域相关新专业。

结合麦可思研究院《2017 年中国本科生就业报告》数据，2016届电气信息类和工科毕业生对母校的教育教学改革意见可以看出，大学工程教育在人才培养内容上供需尚需统一，专业设置和知识体系明显滞后(如图 2-3 所示)。

我国工程教育专业的教学与课程结构一直受限于相对刚性的专业目录，专业划分较细，转专业限制严格，学生知识面狭窄，未能根据市场跨学科、综合化的发展趋势做适时调整，更与我国经济转型和产业升级不相匹配。而在教学内容上，产业界还未真正参与工程人才培养工作，企业新技术、新工艺没有出现在教学内容中，不能满足对引进技术、设备和生产线进行消化吸收再创新的需要，部分专业的知识体系的发展甚至滞后于产业技术的发展。在培养资源上，产、学尚待协同，结构性供需矛盾仍比较突出。虽然，现阶段工程教育有走进"象牙塔"的趋势，大学与企业在课程体系、师资队伍、实践平台等质量建设方面有结合但不紧密、有效果但不持续。工程教育改革没有充分体现新时期科技与经济的发展诉求，交叉学科、新兴学科平台建设滞后，工科人才培养与产业经济发展的协同性不足。

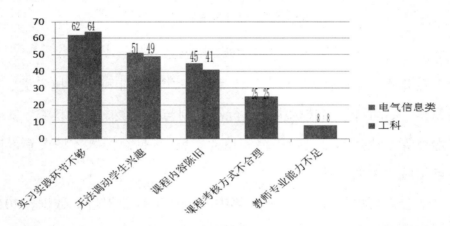

数据来源：麦可斯-中国 2016 毕业生培养质量跟踪调查

图 2-3　2016 届电气信息类和工科毕业生认为母校的

人才培养内容需要改进的地方(百分比)

而从高职高专的情况看，培养高技能应用人才是其主要目标，课程设置、校企合作等方面更贴近于生产制造的一线实际。调研中，深圳职业技术学院的工程技术认证、苏州市职业大学与博众精工科技股份有限公司校企合作的典型案例，有力地说明了院校教育教学的改革贴近企业需求才会有更大的市场和更好的发展，而其在优质生源、扎实的知识基础方面则需要强化和提升。

（三）校企合作缺乏深度

智能制造人才的培养与成长需要紧密的校企合作。世界制造强国非常重视校企合作，其工程人才的培养始终面向制造一线的实际需要，以产业发展为牵引，人才在紧密结合企业需求的教育模式中得到真正的锤炼和不断的成长。

例如，美国在加强通识教育的同时也发展了近 20% 的专门学院，以面向工程科技、管理等特定领域来培养人才；俄罗斯在彼得大帝时期就建立了一批专门学院，紧密结合工业制造的实际需求，加快推进俄国的工业化进程；法国工程师大学校建立于 18 世纪波旁王朝时期，长期以来培养工业专业领域的精英人才，企业界高管进入学校参与决策管理，学校与企业合作享受国家"学习税"的政策支持，校企合作非常紧密，企业专家担任教师，学生以实习生、工人身份进入企业进行职业化实习实训，时间最长达 18 个月，动手能力、实践能力得到扎实的培养和锤炼。

我国在建国初为适应新中国工业化建设而设立的一批行业特色院校，涵盖了农业、林业、水利、地质、矿产、石油、钢铁、电力、通信、化工、交通等各个工业主要领域，由中央行业部委直接管理，面向行业发展需求，校企合作有着先天的自然联系，人才培养与行业发展自然对接，形成了富有鲜明特色的培养模式，为工业发展培养了大量的专业技术人才，支撑起了我国工业制造的主体，为加快工业化进程做出了历史性贡献。而随着高等教育规模的不断发展，综合化、大而全、"千校一面"的模式对行业特色型高校的发展带来了强烈冲击，行业产业的变革、市场走向的变化，以及管理职能的调整，打破了原有校企紧密合作的模式，新的校企协同需要重新构建。

当前，制约校企深度合作的主要原因在于各方的需求衔接不畅，价值利益导向出现偏差，协同合作的模式需要创新等方面。

其一，大学培养与企业需求未能很好地对接，存在明显的脱节现象。随着技术革新、设备换代的加快，企业对员工知识、能力、素质的要求越来越多元化，对员工培训的要求越来越高，而大学培养往往滞后于技术革新的步伐，也缺少企业的高端仪器设备，更缺乏对一线实际生产制造需求的了解和把握。因此，校企联合培养人才十分关键，急需深度加强。

其二，大学的人才培养近年来出现了重视理论基础、缺乏工程实践、就业好高骛远、轻视工业制造的偏颇。人才培养的指挥棒主要围绕着论文、专利、获奖等，忽视了工业制造的实际发展需求，在学生就业方面也出现了动手能力弱、工程实践能力差的问题，专业发展、课程体系更新不够及时，实习实训未深入企业实际，实践教学等环节缺乏鲜明的需求引导，导致学生"欺软怕硬、仿而不真、拟而不实"。而企业在接收学生实习实训方面也缺乏积极性，课堂知识在实际中的应用滞后、陈旧、针对性差，企业需要的多元化复合型人才缺少，国家在加强校企合作方面缺少强有力的政策举措支持，制约着校企之间的深度合作。

其三，面向智能制造的发展提前布局不够。智能制造所需要的人才知识结构发生了新的变化，能力需求也随之转变。生产制造从过去单一、琐碎的流水线模式转向柔性化、个性化、灵活的智能生产模式，而生产制造所需要的高技能工人从传统机器和工具的操作者、加工者转向智能装备和数控机床的使用者、管理者。因此，智能制造的工作岗位需要跨学科的专业工程师、智能生产车间和工厂的顶层架构师，需要新一代的信息知识和技术、网络技术，以及通信、计算、控制等多元化的复合知识与能力。例如，2015 年德国联邦职业教育与培训研究院发布《工业 4.0 及其带来的经济和劳动力市场变化》报告预测，到 2025 年工业 4.0 将带来 43 万个新的工作岗位，同时 6 万个岗位将被智能系统取代，而 49 万个传统的岗位会消失，德国大学及职业教育已经开始着手向新的知识迁移和能力提升方向转变。对此，我国在面向智能制造的工程教育和职业技术教育方面仍准备不足，教育与企业发展的最新需求结合度不够紧密。校企合作只有在深度和广度上大力加强，才能够使大学的知识、能力、素质培养与企业的实际需求相互适应和匹配，提前布局智能制造的人才战略，为解决未来人才的供需矛盾和现有培养成长的问题打好基础。

（四）工匠精神需要强化

智能制造人才的培养与成长，除了有大学培养、企业成长的因素影响之外，社会的软环境、大氛围乃至工业文化的建设，也是不可忽视的重要因素。从目前我国制造业所面临的硬件、软件、资源、人才等各方面因素分析来看，制造强国战略更需要一种制造精神的重塑，需要智能制造的工业文化支撑。

首先，观念上的转变和思想上的重视还比较缺乏。长期以来，我国受多种传统观念影响，如"学而优则仕"、重视科学发现强于重视工程实践，整个社会对从事工业制造的专注度和热度不高，缺乏大国工匠精神，工程师的地位和价值未能得到应有的重视和关注。大众在普遍观念上轻视技能技艺，对工业制造、工业发展的内涵认知缺乏深度，在工业发展基础相对薄弱的情况下，投入工业制造的专注精神和事业忠诚度仍然十分欠缺。

其次，制造需求的实际牵引和激励机制仍然滞后。一方面，传统制造人才过剩，另一方面，智能制造迫切需要的新型人才十分短缺，而推进传统制造业转型升级需要依靠重振制造业的历史契机为内在动力，更需要制造业发展的实际需求予以有效牵引，吸引更多的人才投身于工业制造的新领域、新方向，并需要优越的薪酬、较高的社会地位、前景看好的发展等政策举措予以匹配。

根据教育部 2015 年统计数据，我国十大重点领域中人才缺口最大的就是高档数控机床和机器人领域，年度缺口大约 20 万人，工业软件人才的年度缺口也大体为 20 万人，并以每年 20% 的速度增长。而根据国家人力资源和社会保障部《高技能人才队伍建设中长期规划(2010—2020)》显示，我国到 2020 年全国技能劳动者总量将达到1.4 亿人，而其中高技能人才将达 3900 万人。我国高技能人才在今后一段时期内将成为市场上急需的重点人才，急需加大培养与成长的力度，从而快速缩小与世界制造强国在这方面的差距。例如，日本整个产业工人队伍的高级技工占比为 40%，德国则达到 50%，而我国这一比例仅为 5% 左右，全国高级技工缺口近 1000 万人。电子信息产业中，我国高级技师占技术工人总数的比例为 3.2%，美国为 40%；装备制造业中，我国科研人员占从业人员总数的比例为 1.26%，美国为 7%。

此外，人才发展的价值取向和文化建设需要加强。应当进一步以弘扬工匠精神、重塑制造精神、浓郁工业文化为主旨，引导毕业生树立正确的价值观、人生观，紧抓当前智能制造发展的有利契机，通过智能制造人才培养与成长支撑计划及举措的出台，着力弥补文化软实力建设的不足，为传统工业制造的转型升级、智能制造的快速发展不断注入新的动力。

第三章

工程科技人才培养的进展

工程是基于科学技术改造未知世界的实践活动,工程科技是社会发展进步的动力之源,工程科技人才的培养一直是支撑世界制造强国发展最有力的基础,是一个国家工业制造业持续发展潜力和综合竞争力的根本所在。

高等工程教育是高等教育的重要组成部分,对一个国家的科技、经济、军事的发展以及综合国力的增强具有重要影响,因而一直以来受到发达国家的高度重视。在 21 世纪全球经济从以传统工业经济为主到以知识经济为主的过渡转型期中,新一轮科技与产业革命掀起工业革命的新浪潮,智能制造蓬勃兴起,高等工程教育面临着新挑战,改革和发展的任务迫在眉睫。

当前,我国已经成为世界工程教育规模最大的国家,然而随着我国经济社会、科学技术和高等教育的快速发展,工程科技人才供需市场发生了巨大变化。新型人才的需求日益增长,传统人才的培养急需改革，人才的结构和质量已经不能及时适应社会和产业快速发展的需要。工程科技人才培养的前瞻举措急需加快推进，尤其是在智能制造蓬勃发展的今天，急需构建工程科技人才培养的新模式。

从我国制造业转型升级、迭代发展的实际情况出发，从硬件看，正在由原先需要大部分外购转向逐步开展自主制造，在研发、设计、制造等环节需要杰出的系统工程师；从软件看，正在由原先较大部分的外购转向自主研发，其中知识、经验、需求的固化、积累，需要跨专业的优秀工程师；从一线的制造实际看，正由中低端制造逐步转向高端自主制造，其中对过硬的工艺、质量、检测等环节的要求越来越高，需要功底扎实的技术工匠以及坚持执着的工匠精神。

智能制造改变了以往工业制造的传统模式和样态，人才的知识、能力、素质需求发生了新变化，工程教育的发展应适应这种新变化带来的新要求，在工程科技人才培养的各个层次上不断加强，努力实现人才培养从 2.0 向 3.0、4.0 的不断迈进。

一、国外高等工程教育发展现状

进入 21 世纪，工程技术扮演的角色越来越重要，其应用已经深入到每一个具体的经济和社会领域。世界主要发达国家一直把工程视为国家的未来，把工程人才视为发挥国家制造潜力的保证，着力发展高等工程教育，在工程科技人才培养上取得了诸多成功且具有特色的经验，拥有可供借鉴的先进模式，对于我国改革现有工程科技人才培养模式、适应智能制造的新需求，具有十分重要的借鉴意义。

(一) 美国高等工程教育

美国早期的高等工程教育按英国的教育体制建立，后来又引进了法国的教育体制，其工程师教育虽然起步较晚，但发展却极其迅速。在向欧洲模式学习借鉴的过程中，美国高等工程教育实现了本土化，形成了独具特色的工程教育模式，在世界高等工程教育行列中独树一帜。

二战后，美国工程教育以服务于科技进步、社会发展为主，重视科学精神的培养，塑造了敢于创新的良好氛围，高等教育突出地体现出通识教育的特色，强调基本素质和能力的培养。而从 20 世纪 80 年代到 90 年代，美国高等教育掀起了"回归工程"的浪潮，针对传统高等教育过分强调通识性、科学化的偏颇，提出从工程本身的发展入手，结合工业制造业的实际需求，强化工程实践教育的新内涵、新特色。"回归工程"大致包括四个方面：一是从过分重视科学理论的发现转变到更加重视工程系统及其背景实践的应用需求；二是注重加强对人才工程实践能力的培养，重视解决实际工程问题，如麻省理工学院(Massachusetts Institute of Technology，MIT)"在干中学"的突出理念；三是强调"整合"、"集成"的工程系统思想，重建课程内容和结构，从知识体系、能力培养、专业素质等方面加强工程实践的教育内容；四是加强终身学习能力的培养，实现终生教育，为工业制造提供源源不断的智力、人力支撑。

美国高等工程教育"回归工程"的思想实际上是在继承高等教育

历史基础上发展形成的，具有"大工程观"的特征。"回归工程"的思想认为，工程师在工程实践中的根本任务是构建工程的整体，所以仅仅掌握工程技术的知识技能远远不够，必须具有系统的构建能力和知识体系；同时，也强调工程技术要与工程的组织管理、运行成本、公共关系、客观环境等复杂的背景因素一起统筹考虑，具有鲜明的系统观、整体观。因此，美国的高等工程教育十分重视以工程科学、数学、工程学和应用技术为主，构建高等工程教育的体系化框架内涵，在通识教育的基础上强化工程系统的实践性、应用性，与工程需求的实际紧密联系。此外，以加强工程教育中的实践训练为支撑，注重学生工程实际能力的培养，注重与工业企业的密切合作，注重与市场、经济的交叉融合，不断推进高等工程教育的改革创新。美国"大工程观"的基本内容如图 3-1 所示。

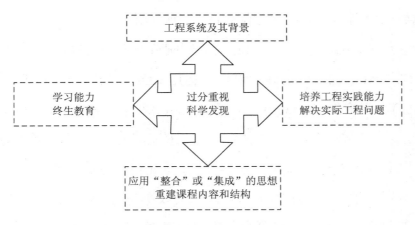

图 3-1 美国"大工程观"的基本内容示意图

美国高等工程教育的特色十分突出，尽管各高校具体的实施方式不一样，但改革的目标与方向具有一定的倾向性，即注重国际化和多元化，具有突出的科学精神、工程实践、创新意识，通过改革现有的教学方法、课程体系和内容，使之更好地面向学科交叉、课程综合以及学生的工程实践、团队合作、创新精神和创造能力等。美国高校工程教育教学改革的共同特点是：以问题为中心，引导学生参与教师的研究项目，进行跨学科的学习；以实践为主旨，加强工程设计、综合实验、企业实习等环节的教学实施等。美国高校在教学内容上实行的是大类结构的教学体系，课程内容经过精心提炼，主要讲授课程的知识体系与核心概念。如，麻省理工学院将教师的科研项目分解为本科生的各类研究性教学活动和工程实践训练项目，提倡在"在干中学"，通过工程实践、科研训练，切实提高对学生工程能力的培养；而密歇根大学机械工程系的主干课程实现了综合化和交叉化，加强了设计类、实践类课程的占比，设计类课程直接来自企业的实际工程问题，实践类课程则是与理论课相配合的综合性课程。

近年来，美国高等工程教育在回归制造业方面持续迈出了更大步伐，例如 MIT 在机械类课程设计中运用 CDIO(构思(conceive)、设计(design)、实施(implement)、运行(operate))理念，强化了工程设计的实践培养，注重在顶层系统教育上加强核心课程的重构；同时，积极响应国家发展先进制造业计划等战略，抢先占领智能制造、人工智能等前沿发展领域，积极推进课程体系的改革与更新。

美国高等工程教育的继承、改革与发展，为其工业制造业特别是工程科技的创新，提供了强大的人才支撑和智力支持，推动着美国的工程实践和发展。

(二) 德国高等工程教育

德国是名副其实的世界制造强国,强大的制造实力背后是强大的工程教育,其独具特色的工业背景与一流的高等工程教育的发展密不可分。德国在工业化之初的 19 世纪二三十年代,创建了大批技术学院,大量培养高技术工人,奠定了其工程教育的扎实基础。

德国高等工程教育理论与实践的结合非常紧密,学校设置专业和课程时,既从教学规律实际出发,又从企业实际应用需求出发,根据企业的发展要求,合理安排专业和课程。同时,德国工程教育对教师的要求很高,要求教师经历与工程师经历紧密结合,不仅要有较高的理论水平,还要有丰富的实践经验。在德国高等教育系统中,申请教授资格必须具有公司工作的丰富经验。

德国高等工程教育将工程教育与工程师资质制度融为一体,实行"文凭工程师"制度,培养出来的学生既具有专业学位,又具有职业资格。这种模式培养出来的学生,其职业适应能力强,不需要再接受过多的职业岗位培训就可以直接上岗,深受社会欢迎。在世界工程教育领域内,德国工程教育及工程师培养模式被公认为是典型的成功模式之一。

德国的"双轨制"(或称"双元制")教育也是德国职业教育中最具特色的模式。"双轨制"指在职业学校里接受理论教育和在企业里接受实践培训相结合的双重教育,其教育体系示意如图 3-2 所示。德国高等工程教育中的应用技术型大学强调对学生实践应用能力的培养，普通教育与职业教育并重，培养科学理论型与科学应用型兼备的人才，形成多渠道、多层次的工程人才培养途径。

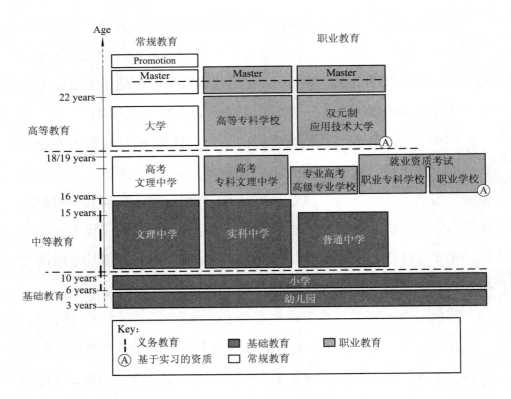

图 3-2　德国"双轨制"工程教育体系示意图

德国自实施工业 4.0 战略以来，在技术研发、政策支持、企业发展上积极配套出台了众多相关举措，投入大量资金推动研究工作，在立法、安全、标准等方面不断完善面向智能制造的工业体系，进一步深化和加强产学研的紧密融合；同时，也积极建立完善较为系统的人才培养计划，充分发挥德国高等工程教育得天独厚的优势条件，努力加强信息技术对于工业制造的提升、引领作用，站在智能制造未来发展的角度，布局和推进工业 4.0 的快速发展。

(三) 法国高等工程教育

法国高等工程教育拥有近 300 年的发展历史，强调工程的实践性，注重对学生的创造性和实践能力的培养，其独具特色的工程师大学校的精英人才培养模式享誉世界。

法国高等教育是"双轨制"，一般意义的综合大学(Université)与一批特色鲜明的工程师大学校(Grande école)并行发展，而后者是实施精英教育的主体，具有"小而精"的显著特点。

法国的大学校体制是法国历史形成的。18 世纪，法国波旁王朝的君主在中世纪大学之外建立了第一批高等专科学校，如炮兵学校(1720 年)、军事工程学校(1749 年)、巴黎路桥学院(1747 年)、巴黎高等矿业学校(1783 年)等；法国大革命后，关闭和取消了部分中世纪大学，设置了新的专门学院，如综合理工学校(1794 年)、巴黎高等师范学校(1794 年)等；后来，拿破仑进一步强化了高等教育为帝国政权服务的实用功能，使大学校的发展得到进一步加强。

法国工程师大学校与综合大学在入学方式上有明显区别。一般，高中毕业生通过全国会考后，可直接进入普通大学学习或在技术专科学校攻读"高级技术员文凭"；而要进入工程师大学校，则必须通过严格的入学考试来选拔，录取率约 10%，先读 2 年预科，此后参加入学竞考，再次淘汰选拔，成绩优秀者方可进入工程师大学校学习，学制 3 年，学业完成授予工程师学位。因此，法国工程师大学校的总学制为 5 年，即 "2 年(预科)+3 年(工程师培养)"。另外，综合大学二年级以上或具备同等资格水平的外国留学生，也可以通过严格的入学考试进入工程师大学校。法国工程师大学校教育选拔流程如图3-3 所示。

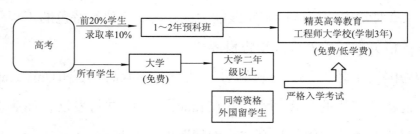

图 3-3　法国工程师大学校教育选拔流程

工程师大学校在法国具有十分重要的地位，属于 "精英教育"，毕业生有很高的就业率、薪酬收入和社会地位。工程师在别的国家是一种工作岗位，而在法国特指一种学位文凭，其认证办法由国家工程师职衔委员会负责。法国国家工程师职衔委员会是法国独立自主的工程师学历认证机构，负责对学校的课程设置和教育质量进行资格认证，通过认证之后学校才有权颁发国家工程师学位文凭。

总的来看，法国工程师教育的显著特点就是 "规模小、质量高、实践强、就业好"。工程师大学校的选拔制度非常严格，淘汰率高，学生入校时基本都是同龄人中的佼佼者，生源质量优。优秀的生源、较高的师生比，是保证高水平教育质量的基础。

此外，工程师大学校的经费投入比较充足，学科专业相对集中，科研资源丰富，课程安排合理，注重与工业企业的紧密合作，重视实习实践，从而确保了较高的培养质量。在加强理论基础的前提下，工程师教育后 3 年的学习过程中，实习是一个重要的环节。以巴黎高科工程师学校集团所属大学校为例，后 3 年学制中，第 1、2 年要求学生到企业实习 3～4 个月，第 3 年实习 6 个月，共实习 9～10 个月，使学生真正学到了一线工作的宝贵经验，强化了学习的实践性；而综合理工的预科为 2～3 年，学生的数理功底十分扎实，工程师课程培养时间达 4 年，前 2 年为多学科综合教育阶段，后 2 年为专业化综合学习阶段，这 4 年内的实习安排按顺序分别为 8 个月、1 个月、3 个月、6 个月，实习的总时间达到 18 个月，对学生实践能力的培养起到了十分重要的作用。同时，这些学校与企业界有着密切的联系，校董会是与社会和企业保持高层联系的关键机构，学校还设有企业专家教席，聘任高层管理者、经验丰富的企业工程师担任兼职教师，把工程实践的经验直接传授给学生。大学校工程师就业情况非常好，真正成为了政府、企业的管理精英和技术精英，分布在公共管理部门、工业界、金融界、商业与服务、建筑与交通、信息产业等各个领域。

法国政府在支持大学校与企业的密切联系方面，实行"学习税"，各企业可以直接将"学习税"支付给大学校，额度为每年工资总额的 1.1%，若不支付给学校则必须上交国家，而企业接受实习的费用不在此税内，这样较好地保证了企业参与并支持大学的发展。

法国工程师教育是世界工程教育中特色最为突出的一种类型。

(四) 俄罗斯高等工程教育

俄罗斯高等工程教育在苏联解体后的一段时期内取得积极发展，

建立起了工程人才培养的多级体系，推动了高等工程教育认证，保障了工程人才的培养质量。前苏联在核技术、宇航技术、航空技术等很多科学技术领域取得了令世界瞩目的成就，其强大的重工业基础和扎实的工程教育是重要的内涵支撑。

苏联解体后，俄罗斯高等工程教育的发展有了以市场经济为引导的新方向。俄罗斯现有工科高校 458 所，占高校总数的 45.4%，由346 所国立大学、112 所非国立大学组成，包含了 44 个学士(硕士)培养方向、83 个文凭专家培养方向，涵盖了其高等职业教育的 300 多个专业。近年来，为适应博洛尼亚进程，俄罗斯颁布了《普通教育内容现代化战略》，对高等教育人才培养结果的评价进行重新定位，从以往注重"教育性"、"基础知识"的学习转向注重学生"能力"的培养，树立了高等工程教育领域的"能力观"概念，主动实施转型，重新定位人才培养的目标，在课程设置、专业设置、人才培养途径上推进改革与转型，积极跟随全球制造业不断发展变化的新形势。

二、我国高等工程教育发展历程

(一) 历史概况

我国工程教育的历史发展，可追溯于晚清时洋务运动兴办的西式学堂，当时学习借鉴西方工业化人才培养的模式，主要以模仿欧美的工程教育模式为主，大致处于工程教育的基本萌芽阶段。在这一时期，从打基础开始，实行"通才教育"，课程设置较为宽泛，教学内容以基础课、技术基础课为主，把培养学生扎实的理论基础作为目标，初步了解专业技术的基础知识。工程教育的组织结构上，大学分大类设立学院，院以下设系，系以下不设专业，基本属于以本科教育为主、较为单一的工程人才培养模式。

新中国成立后，面对国家迫切需要发展工业的挑战，1952 年高等教育开展了全国范围的院系调整，主要以借鉴前苏联培养各行业专业工程科技人才的经验为主，建立了一大批如农业、林业、水利、地质、矿业、冶金、电力、石油等行业院校，解决了工业发展急需的行业技术人才的培养与供给问题，在新中国工程科技人才培养的发端上做出了重要贡献。之后，我国工程院校的规模不断扩展，1957 年全国高校总数为 229 所，第二年则增加到 791 所，到 1960 年达到了 1289 所，其中工业院校的增速和规模最为显著，由 1957 年的 44 所增加至 1960 年的 472 所，这在工程人才培养方面奠定了一定的规模和基础，为新中国工业制造的快速发展提供了有力的人才支撑。

改革开放后，随着国家工业制造业的蓬勃发展，我国工程教育的发展得到了显著的提升和进步，规模和数量不断拓展，人才培养的质量不断提高。以高等教育 20 世纪 90 年代扩招前后作比较，扩招前高等教育中的工科院校在校生占比大约为 40%，而扩招之后仍然占近 1/3，这与我国至今仍处于工业化时期的实际状况相符。与此同时，国家对工程教育的培养目标、机制体制、课程设置、专业建设、评估认证等进行了调整和改革，在通识教育、专才教育相结合的基础上，面向工程领域的重大需求发展，在提倡回归工程方面做出了积极努力，工程教育开始逐渐步入借鉴、融合并积极拓展且具有自身特色的新阶段。

(二) 发展新挑战

近年来，随着全球新一轮科技革命和产业变革竞争的加速，智能制造蓬勃兴起，制造模式的急速变革推动着高等工程教育的新发展。我国高等工程教育紧跟国家工业制造的发展步伐，从内生机制上获得了强劲的变革动力。

目前，我国已经成为名副其实的世界工程教育大国。从规模上看，居世界第一，2016 年工科本科在校生 525 万人，专业布点 17037 个，工科在校生约占高等教育在校生总数的三分之一。我国工业体系从初步形成发展到今天成为世界制造大国，是靠自身的工程教育提供了坚强的人才支撑，无论是计算机、通信，还是高铁、载人航天等一系列国家重大工程项目，都是自主培养的工程人才的智力和心血贡献。目前，我国虽然是制造业第一大国，拥有全球产业分类中的所有工业门类，但制造业仍大而不强，面临转型升级的压力。新一轮科技革命和产业变革方兴未艾，一些重大的颠覆性技术创新正在创造新产业、新业态，大数据、云计算、移动互联网等新一代信息技术和制造技术加速融合，智能制造飞速发展，这既给社会生产力的大提高、劳动生产率的大飞跃带来了契机，也给世界各国工程教育创新发展带来了前所未有的机遇与挑战。

与此同时，我国工程科技人才的培养模式、培养机制、内涵质量等，与工业制造业快速发展的实际需求相比，仍有很大欠缺和不足。例如，过多强调通识教育而忽视了工程科技专门人才培养的原有特色与优势，非常重视理论研究而忽视了工程科学的实践性研究，加强了人才培养的学历教育、理论教育、知识教育而忽视了技能锤炼、素质培养以及思维能力、动手实践能力的训练，对于工程科技人才解决工程科学问题的教育缺乏有针对性的强化训练，在工程设计、制造、服务等诸多方面缺乏大量具有创新思维、较强能力、高技术技能的优秀工程师、设计师、技术工人等，大学的教育与企业的需求、制造的需要、社会的发展存在脱节现象。

因此，我国高等工程教育需要抓住机遇、深化改革，加快推动从工程教育大国迈向工程教育强国，为国家制造业转型升级提供强有力的人才保障、智力支持和创新支撑。

(三) 改革与现状

近年来，跟随国家工业制造业不断发展的步伐，我国高等工程教育在适应市场需求、加快培养模式改革、推进内涵质量建设方面，以"卓越计划"、CDIO 改革、专业认证、新工科建设为代表的一系列举措得到深入推进和实施，取得了显著进展，为深度推进工程科技人才培养模式与内涵的革新，做出了积极努力。

1. 卓越工程师教育培养计划

2010 年 6 月 23 日，我国教育部联合有关部门和行业协(学)会，共同实施"卓越工程师教育培养计划"(简称"卓越计划")(见图 3-4)，主要目标是面向工业界、面向世界、面向未来，培养造就一大批创新能力强、适应经济社会发展需要的高质量各类型工程技术人才，为建设创新型国家、实现工业化和现代化奠定坚实基础，增强我国的核心竞争力和综合国力。"卓越计划"实施的专业包括传统产业和战略性新兴产业的相关专业，特别重视国家产业结构调整和发展战略性新兴产业的人才需求，适度超前培养人才。"卓越计划"实施的层次包括工科的本科生、硕士研究生、博士研究生三个层次，培养现场工程师、设计开发工程师和研究型工程师等多种类型工程师后备人才。

图 3-4 2010 年我国启动"卓越计划"

"卓越计划"实施至今，已有 208 所高校的 1257 个本科专业点、514 个研究生层次学科点参与了该计划，参与在校生约 26 万人，基本形成了教育部门和行业部门协同推进、高等学校和企事业单位深入合作的工程人才培养机制，为改变校企合作培养优秀工程师的原有不足进行了有益探索，取得了一定进展。但同时，"卓越计划"也存在未达到原有预期受惠学生比例为 10% 的目标，在培养学生具有创新能力、国际视野、经营管理能力、交叉学科知识、较强动手实践能力方面仍有不足和欠缺，总体上与预期"回归工程"的期望值还有一定差距，特别是面对新一轮科技与产业革命的挑战，还未能较好地与智能制造发展所需要的知识、能力、素质培养的需求适应与匹配。

2017 年，教育部在新工科建设的基础上，提出打造"卓越工程师教育培养计划(2.0 版)"，进一步推进了面向工业 4.0、"中国制造 2025"、"工业互联网"等新趋势的大科学观、大工程观的培养模式改革，探索实施多元化、融合型、创新驱动、工程导引的改革举措，着力在工程科技人才培养创新上走出一条新路。

2. CDIO 工程教育改革

CDIO 工程教育模式是近年来国际工程教育改革的新成果，按照构思(conceive)—设计(design)—实施(implement)—运行(operate)的系统工程理念(如图 3-5 所示)，细化人才培养标准，构建以项目为导向的工程教育课程体系。2005 年我国引入 CDIO 工程教育模式，2008 年教育部组织成立"CDIO 工程教育研究与实践课题组"，2012 年成立"CDIO 工程教育试点工作组"，以机械、土木、电气和化工四类专业开展试点，目前有近 200 所高校开展 CDIO 改革试点。汕头大学、清华大学等高校先后加入 CDIO 国际合作组织，2016 年 1 月，汕头大学发起成立"中国 CDIO 联盟"，以提升我国工程教育的国际影响力。

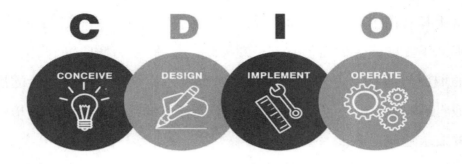

图 3-5　CDIO 基本内容

目前,开展 CDIO 改革的高校既有研究型大学,也有教学型大学,还有高职高专,各类高校的侧重点有所不同。研究型大学以培养学术型、研究型工程科学人才、研究开发人员和设计工程师为主;教学型大学以培养能在生产、工程第一线从事工程实施和管理的工程技术人才为主;高职高专以培养适应生产、建设、管理、服务第一线需要的高等技术应用型专业人才为主。CDIO 工程教育模式的借鉴与引进,代表着我国高等工程教育与国际接轨的新探索。

3．工程教育专业认证

2006 年,我国启动工程教育认证工作,在借鉴国际先进经验的基础上,逐步建立了与国际实质等效的工程教育认证体系。2013 年,我国成为"华盛顿协议"预备成员国。

2015 年,中国工程教育专业认证协会正式成立,基本确立了第三方机构独立实施的工程教育专业认证体系。我国工程教育专业认证坚持结果导向(outcome-based-education,OBE)、以学生为中心、持续改进理念，按照国际实质等效的认证标准开展认证工作，目前已覆盖31个工科专业类中的18个。工程认证工作取得积极成效，建立了高等工程教育与行业企业联系机制，为建立注册工程师制度奠定了基础。工程教育认证标准参照"华盛顿协议"的毕业生素质要求和工程师职业能力规范，保证认证结果被行业认可。开展工程教育专业认证，有力推动了工程教育国际化，提升了工程教育的国际影响力和竞争力。同时，工程教育专业认证工作为我国高校开展工程教育改革提供了系统化、科学化的质量保障机制和人才培养模式。

自2005年我国开始进行工程教育专业认证试点至2015年，已经进行了570个专业点的认证工作，涉及124所高校，其中30所"985工程"高校、64所"211工程"高校。认证标准主要包括学生、培养目标、毕业要求、课程体系、师资队伍、支持条件和持续改进等七个方面。认证工作始终坚持标准，保证质量。2015年受理认证158个专业点，实际通过认证126个，通过率为79.9%，未通过认证的专业点继续建设。从严开展工程教育专业认证，使"重在建设"的要求落在实处，促进了高等工程教育的质量提升和国际实质性等效的认证。

2016年6月2日，我国正式成为工程教育"华盛顿协议"第18个成员国，这标志着我国工程教育真正融入世界工程教育大阵营，同时也为我国以后参加国际工程师认证奠定了基础和条件。这一标志性的突破，将有力促进我国高等工程教育与国际先进理念和质量标准看齐，深化改革、提高质量，推进国际范围的交流与合作，推动工程教育改革向纵深发展。随着我国高等工程教育国际认证步伐的继续深化与加强，工程科技人才培养的质量与水平将得到明显提升。

4．新工科建设

2017 年 2 月 18 日，教育部在复旦大学召开了高等工程教育发展战略研讨会（"复旦共识"）。针对发展新工科，会议提出了主动设置和发展一批新兴工科专业，推动现有工科专业改革创新，树立创新型、综合化、全周期工程教育的"新理念"，构建新兴工科和传统工科结合的学科专业"新结构"，探索实施工程教育人才培养的"新模式"，打造具有国际竞争力的工程教育"新质量"，建立完善中国特色工程教育的"新体系"。该会议旨在构建共商、共建、共享的工程教育责任共同体，深入推进产学合作、产教融合、科教协同，通过校企联合制定培养目标和培养方案、共同建设课程与开发教程、共建实验室和实训实习基地、合作培养培训师资、合作开展研究等，鼓励行业企业参与到教育教学各个环节中，促进人才培养与产业需求紧密结合。

2017 年 4 月 8 日，教育部在天津大学召开新工科建设研讨会（"天大行动"），60 余所高校共商新工科建设的愿景与行动。会议提出，到 2020 年，探索形成新工科建设模式，主动适应新技术、新产业、新经济发展；到 2030 年，形成中国特色、世界一流的工程教育体系，有力支撑国家创新发展；到 2050 年，形成领跑全球工程教育的中国模式，建成工程教育强国，成为世界工程创新中心和人才高地，为实现中华民族伟大复兴的中国梦奠定坚实基础；在建立工科发展新范式、根据产业需求建设专业、引入产业和技术最新发展成果进课程、创新工程教育方式与手段、推动教育教学改革、打造工程教育开放融合新生态、增强工程教育国际竞争力等方面提出了一系列具体思考。

2017 年 6 月 9 日，教育部在北京召开新工科研究与实践专家组成立暨第一次工作会议（"北京指南"），全面启动、系统部署新工科建设，研究新工科建设指导意见，在目标要求、培养理念、结构优化、模式创新、质量保障、分类发展等方面提出了若干思路举措。

新工科建设的相关举措，是适应我国工业制造业转型升级发展需求，以高等工程教育为重心，切实推进人才培养改革的积极响应，突出体现了融合、创新、集成、共享的核心能力建设新方向，是推进工程教育贴近实践需求、适应制造需要的积极探索和革新实践。

(四) 发展趋势

高等工程教育服务于工业制造的实际需求，与新一轮科技与产业革命紧密相关，智能制造所需的大量新型工程科技人才的培养需求，必然掀起全球高等工程教育领域的新竞争。

近年来，随着美国"再工业化"战略的深度推进，工业互联网、人工智能加速发展，与之相适应的是相关专业与人才培养政策与举措的跟进。2011 ~ 2015 年，美国工程领域学士学位授予人数由 83 001 人增加到 106 658 人，年增长率保持在 5%以上；硕士学位授予人数由 46 940 人增加到 57433 人，2015 年更是实现了 11.11%的年增长率；博士学位授予人数也由 9582 人增加到 11 702 人。从授予学士学位的专业类型及数量来看，机械工程、土木工程、电子工程、计算机科学、化学工程、生物医药工程、工业/制造/系统工程等专业规模较大，且呈现出较高的年均增长率。这些专业毕业人数的增加与近年来新兴制造业的实际需要密切相关,体现了与智能制造相适应的工程教育发展新动向。

此外,如"德国工业4.0"战略以及与之相适应的高技术人才职业培养的转向,法国"新工业法国"计划、日本《2015版制造白皮书》等,在研发新技术、提高工业从业者技能、加强软件技术人才培养、推动未来工业发展等方面提出了新思路与举措,推动了工程教育的革新。

在我国工业制造业2.0、3.0交叉迭代、迈向4.0的新形势下,产业发展呈现出不平衡的问题,既有大量的劳动密集型产业、一定的资本密集型产业,也有知识密集型产业。因此,在工程教育发展定位上,既要面向新一代信息技术、高端装备、航空航天、新能源、新材料、生物医药等领域培养智能制造的高级人才,也要面向劳动密集的加工制造等领域的转型升级来培养大量的高技能人才,着力通过工程教育改革,尽快培养和成长起一大批具有国际视野、实践能力的多学科交叉融合、多元化、复合型、技能型人才,以适应制造强国战略的人才发展需求。

2010年,我国国务院出台了《关于加快培育和发展战略性新兴产业的决定》,教育部自2010年起,推动高校面向与战略性新兴产业直接相关领域设置新专业(含非工科专业),2015年批准设立了大数据、机器人、材料设计等新专业。截至2016年底,战略性新兴产业相关新设工科本科专业达22种,诸如新能源科学与工程、新能源材料与器件、功能材料、纳米材料与技术、微电子科学与工程、光电信息科学与工程、智能电网信息工程、数据科学与大数据技术、飞行器控制与信息工程、物联网工程等，布点达到 1401 个。可以看出，从学科专业的布局、设置及发展上，新设专业与智能制造紧密相关，信息技术与制造技术的深度融合已经逐步深入到航空航天、能源交通等重点行业领域。

此外，经初步统计，目前高校设置 IT 产业相关的电子信息类、自动化类和计算机类本科专业达 30 种，布点 5675 个，二者合计共 6271 个专业点，约占工科本科专业数量的 36.8%，信息化推动工业化发展、促进智能制造人才培养开始走向新的发展阶段。

智能制造、工业互联网、大数据、云计算、专家系统、深度学习、智能机器、人工智能等新技术、新应用所引发的高等工程教育的变革，将成为引领工程科技人才培养的方向标。根据领英《全球 AI 领域人才报告》，截至 2017 年第一季度，全球 AI 人才数量超过 190 万，美国居第一，达 85 万，其他国家如英国、加拿大、德国等居于前列。未来 AI 人才培养的竞争将更加激烈，对我国高等工程教育的发展会是一个更大的挑战！

第四章

智能制造人才的知识、能力与素质

　　人才的知识、能力、素质是构成其完成制造、创造任务的核心要素，是培养与成长过程中需要不断学习积累的重点内容。与传统制造相比，智能制造对人才在知识、能力、素质等方面均提出了新的要求，这是在信息物理系统(CPS)下的电子与信息、人工智能方面的知识与技术和传统制造知识与技术的融合、提升，是对工业制造新发展趋势的积极适应。

　　知识是人类在实践中认识客观世界的成果和结晶，体现出主观认识对客观现实的反映，通过实践可获得更多的积累和不断的发展。能力是人才成功完成某项任务必须具备的基本条件，可以体现出个体的个性技能和心理特征，可以度量出个体对自然探索、认知、改造的水平。而素质是人才经过学习和实践积累形成的某些方面的本质特征，是平素习得的知识、能力、品质等的综合体现。

　　智能制造人才的知识、能力、素质，必须适应智能制造知识体系的发展需求,打破传统的以单一、单纯工科专业教育模式为主的框架,构建多元化、交叉式、复合型人才培养的知识结构体系;必须适应工业制造转型升级的发展需求,打破传统制造领域的旧有模式,构筑起新型制造模式下的专业技能体系;必须适应高级人工智能未来发展的实际需求,具有创新思维、学习能力、专注精神、协同协作等优良的素质品质。

一、智能制造知识体系与大学培养实践改革

智能制造掀起了工业制造的革命,传统工业制造的知识体系发生了显著变化,知识的更新、换代、颠覆在不断加快,新知识层出不穷。大学是知识的殿堂,探究真理、研究学问、传授知识、培养人才是大学的根本使命。为适应智能制造新形势的变化,大学的人才培养必须紧跟智能制造发展的步伐,加快推进培养目标、课程体系、实践教学的改革,为智能制造的发展提供强有力的人才支撑和智力支持。

智能制造的知识体系与智能制造的内涵、标准紧密相关,与工业制造的一线需求高度关联。从当前智能制造发展的实际情况看,美国、德国等制造强国有着不同的基础和目标,侧重点有所不同,知识体系也体现出不同的特征。我国的智能制造是建立在传统工业制造转型升级、智能制造示范引领、人工智能前沿探索的基础上,表现出工业 2.0、工业 3.0、工业 4.0 迭代发展的特点,知识体系的构建具有鲜明的综合化特征,人才的培养与成长应面对和适应这一独特的发展基础。

美国国家职业工程师协会(National Society of Professional Engineers，NSPE)2013 版《专业工程的知识体》提出了"知识体"的概念，主要包括知识、技能、态度，并将其统一称之为工程知识体的"能力"，归纳为基本或基础类、技术类、专业实践类。这种提法为我们理解借鉴智能制造知识结构提供了参考。

(一) 智能制造知识体系的构成

美国的智能制造是建立在智能科学与技术长期发展的基础上，有学者认为，在制造基本的 6M 要素——材料(material)、装备(machine)、工艺(methods)、测量(measurement)、维护(maintenance)、建模(modeling)的基础上，智能制造的 6C 技术——通信(communication)、计算(computing)、控制(control)、内容(content)、社群(community)、定制化(customization)，是区别于传统制造的核心技术，6M、6C 共同构成了智能制造主要知识体系的内涵，如图 4-1 所示。

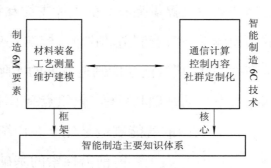

图 4-1　智能制造主要知识体系

2016 年美国发布《21 世纪的信息物理系统教育》，提出了信息物理系统(CPS)体系下的知识、能力、课程等工程教育的相关内容及其培养途径和建议，在移动通信、云计算、大数据、物联网与务联网、3D 打印、人工智能等新技术发展条件下，对现有人才在知识架构、能力培养等方面的智能制造技术问题、系统组成要素之间关系的认识、可靠性与安全性方面存在的不足进行分析，对加强智能制造工程师的知识补充和技能培训方面作了重点剖析，并就如何加强知识基础、深化能力培训等，从整体上设计了从 K-12 到社区学院、本科、硕士、博士等不同层次的教育培养的重点教学内容。其中，在知识能力方面，提出了物理制造知识和计算机科学相互融合以及可靠性、安全性方面的内涵，认为应当包括"原理知识、基础知识、系统特性"三个大的方面，即知识体系的主要构成，可简单概括为原理知识、基础知识、特性知识(如图 4-2 所示)。

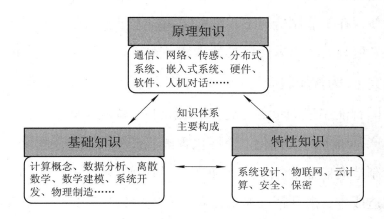

图 4-2　知识体系的主要构成

此外，以美国几所著名大学如宾夕法尼亚大学、伊利诺伊理工大学、科罗拉多大学、爱荷华州立大学、加州大学伯克利分校等的相关专业为例，提出了面向智能制造的课程体系的设计与更新，如图 4-3 所示。

导论课程	CPS课程	计算机课程	传统课程
• CPS简介 • 需求、建模和分析 • 实现范例和技术 • 确认、验证和认证	• 数学和自然科学 • CPS核心课程 • CPS选修课 • 社会影响选修课 • 社会科学与人文社科 • 自由选修课	• 数学和自然科学 • CPS导论 • CPS工程基础 • CS/CPS • 毕业设计 • 社会影响选修课 • 社会科学与人文学科 • 自由选修课	• 数学和自然科学 • 传统机械工程 • 现有工程机械中的CPS相关课程 • 专注于CPS的技术选修课 • 社会科学、经济学、人文学科

• 数学和自然科学
• 传统土木工程课程
• 土木工程课程体系中的CPS课程
• 社会科学、经济学、人文学科

图 4-3　面向智能制造的课程体系的设计与更新

可以看出，美国在积极发展智能制造的同时，非常注重加强支撑智能制造的知识体系构建、能力素质培养、教育培训配套等方面的跟进与更新，在工业制造与工程教育之间建立了十分紧密的联系，使工业的新发展与人才培养及成长的步调一致，产学研用一体化的系统构建较为完善，为智能制造的发展提供了厚实的基础和重要的人才支撑。

德国智能制造的重点是建立智能工厂、智能车间，实现在传统大规模生产基础上的柔性化、个性化智能生产，从单一、固化、不可变的生产制造向定制、柔性、可变的生产制造转变，从而提高生产效率，降低制造成本，提升精准制造质量，实现信息高度集成，完成从传统模式制造向智能制造的根本性转变。在这种制造模式的转变中，职业技术人才将从行业领域的服务者、机器设备的操作者转变成为具有设计制造模拟仿真、人机系统对话融合、生产服务一体对接的多方位、多元化的复合型人才。这种复合型人才的知识体系应当包括数学、信息、科学、工程、人机知识、设计制造、系统运行维护、客户需求分析与沟通等多方面的知识，具备提出问题、分析数据、建模仿真、运用数学方法解决制造问题、提升智能化制造水平的能力，具有跨学科的学习能力和系统解决问题的综合能力，从而支撑"德国工业4.0"的未来发展。德国从传统模式制造向智能制造的转变如图4-4所示。

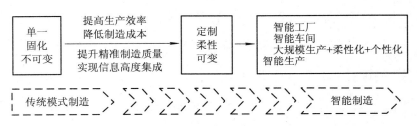

图 4-4 德国从传统模式制造向智能制造的转变

此外，欧洲在 ICT(Information and Communication Technology)知识体系的构建上，提出了基础知识体系1.0和e能力框架的概念与内涵，主要包括战略管理、业务市场、项目质量安全综合管理、数据和信息管理、网络和系统整合、软件设计与开发、人机交互、测试、运行和服务管理等，倡导将基础知识体系与 ICT 能力框架予以结合使用，从而应对新的产业革命的竞争。基础知识体系1.0和e能力框架的内涵如图4-5所示。

图 4-5 基础知识体系 1.0 和 e 能力框架的内涵

我国的智能制造是建立在工业 2.0、工业 3.0、工业 4.0 迭代发展的实际基础上的，正如"中国制造 2025"提出的工业强基工程、智能制造工程等，智能制造已成为制造强国战略的主攻方向，将带动传统工业制造的转型升级，同时积极抢占工业制造新革命的制高点，为早日跻身世界一流制造强国行列奠定基础。

根据"中国制造 2025"的战略部署，工信部、国家标准化管理委员会制定的《国家智能制造标准体系建设指南(2015 年版)》，从基础共性、关键技术、重点行业 3 方面提出了智能制造的标准框架体系。基础共性包含了基础概念、安全、管理体系、检测评价以及可靠性等；关键技术涵盖了智能装备、智能工厂、智能服务、工业软件和大数据、工业互联网 5 大方面，对传感、嵌入式系统、控制系统、人机交互、3D 打印、工业机器人、系统集成、设计、生产、管理、物流、个性化定制、工业云、网联技术、资源管理、网络设备等框架体系进行了全面界定；重点行业则指新一代信息技术、高档数控机床和机器人、航空航天装备、海洋工程装备及高技术船舶、先进轨道交通设备等领域。在智能制造系统架构中，生命周期、系统层级、智能功能 3 个维度是其主要坐标，生命周期包括从设计、生产、物流、销售、服务的全过程，系统层级包括设备、控制、车间、企业、协同等软硬件，智能功能涵盖资源要素、系统集成、互联互通、信息融合、新兴业态等。智能制造的标准框架体系和智能制造系统框架中的 3 个维度分别如图 4-6 和图 4-7 所示。

可见，我国智能制造所需的知识体系涵盖了基础工业制造知识、制造过程与管理知识、信息传感网络以及控制技术知识、检测服务运营知识等几大类，跨学科、跨门类、综合化、复合型的特点十分鲜明，与智能制造发展的实际情况十分吻合。

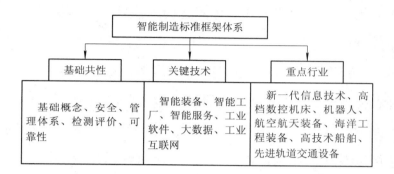

图 4-6　智能制造的标准框架体系

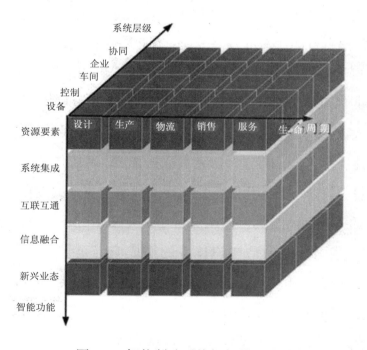

图 4-7　智能制造系统框架的 3 个维度

此外，我国在智能制造的软硬件基础方面与发达国家相比存在很大差距，典型代表是高端电子装备制造，我们的基础比较薄弱，空心化趋势明显，芯片制造、操作系统、高端设计与仿真软件等依赖进口，制造方面的一些共性技术和具体问题尚未达到发达国家的水平，如关键元器件制造、基础软件、工业软件、电气互联技术、精密超精密制造技术、高密度组装、表面工程、热管理等。在这些现象的背后，除了硬件、软件等工业制造上的差距外，最主要的差距仍是工业制造自主创新能力的缺失和人才支撑的差距，同时这又是对知识的创新、转化、应用以及在工业制造转型升级、智能制造前沿发展上基础薄弱、后劲不足、水平较低的集中体现，也是工业 2.0、工业 3.0 实际发展不均衡、不协调、不系统的直接原因。

同时，抢占智能制造的发展先机，有必要在智能科学与技术的知识完善与更新上先走一步。例如潘云鹤院士提出的人工智能 2.0，它是基于新的信息环境变化下的新一代人工智能，在互联网、移动终端、传感网、大数据快速发展的环境下，结合智能城市、智能制造、智能经济、智能医疗等应用推进，研究大数据智能、跨媒体智能、混合增强智能、自主智能、群体智能等新型智能科学与技术的发展，为未来智能制造的持续发展与具体应用探索技术突破。

因此，我国智能制造知识体系的构成应当是结合"中国制造2025"的目标和我国的实际，借鉴发达国家对智能制造前沿发展的探索方向，提出适合自身发展的知识体系。为此，本书提出关于我国智能制造知识体系的粗略框架构成如图 4-8 所示。

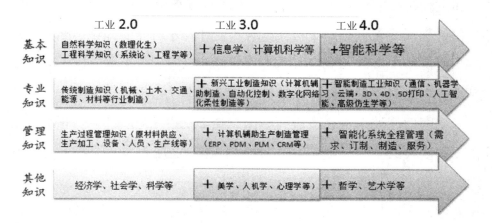

图 4-8 我国智能制造知识体系框架

(二) 大学新工科培养改革发展趋势

智能制造推动了工业制造的革命,也对大学工程教育传统模式带来很大影响。

从国外高校来看,近年来围绕智能制造新模式的革命和工程教育创新的实践,在如何加强创新思维教育、深化工程实践学习、培养创造性人才方面,已经逐步探索出各具特色的路径。如《MIT 教育的未来》提出的教育创新计划,倡导开展大胆教学试验,创建在线学习、翻转课堂、混合式学习和社区学习的环境,探索模块化课程、基于游戏的学习等,加强技术、人文、艺术的交流。荷兰埃因霍恩理工大学提出培养具有前瞻性的学术工程师,其学科背景应当包括电子工程、化学工艺、技术医学、计算机科学、建筑或商务管理等,培养目标定位于专家型人才和全才。而荷兰代尔夫特理工大学在应对 21 世纪社会和工程挑战的形势下,提出工程教育的新使命,注重一流技术专家、工程科学家、全面工程师的分类培养,对人才培养的知识、能力、素质构成进行了全新阐释,如严谨的批判性思维、跨学科思维、系统性思维、想象力、创造性、主动性、就业竞争力和终生学习等。

从国内高校来看,适应"中国制造 2025"、"互联网+"的发展,在"复旦共识"、"天大行动"、"北京指南"之后,大学的新工科建设掀起了新一轮高潮。高等院校培养和造就一大批卓越的创新型工程科技人才,成为支撑工业制造变革的主要行动计划,关于智能科学与技术的发展成为新的热点,本科生教育向"回归工程"方向迈出新步伐,智能科技的新知识、新内容快速补充进入到高校计算机学院、自动化学院、信息技术学院的课程体系中,相关教学实践改革和培养方案修订也大幅推进,云计算、大数据、物联网、机器人等工业制造的新实践也成为大学人才培养的关注点和切入口,对人才知识、能力、素质的综合培养提升到一个新的发展阶段。

以下,举出本书调研的相关案例予以分析和归纳,从而进一步探讨人才培养与成长的可行方式与路径。

(三) 电子信息类高校的改革实践

智能制造是信息技术与制造技术的融合,信息技术人才的培养与成长,是推动智能制造快速发展的动力。电子信息类高校在人才培养方面的改革实践,对于带动传统工业院校的知识更新、课程改革、实践提升具有一定的先导作用。本书选取了 5 所电子信息类高校为案例，对各校在"中国制造 2025"框架下的新工科建设及面向智能制造的人才培养改革作调研分析，探索新工科建设的可行方案及路径。

案例一：(成都)电子科技大学

面向新工科建设，电子科技大学进一步强调通过通识教育、专业教育的融合，促进人才的全面发展，重点提出了培养学术精英、行业精英、创业精英的培养目标。在知识、能力培养方面，提出了"新四会"的教育概念：听，善于获取别人的智慧，多视角看待事物；说，准确表达思想与情感，形成自己的语言风格和体系；读，博古通今，开阔视野，提升修养；写，整理和提炼，锻炼逻辑与批判思维。"新四会"教育概念的内容如图 4-9 所示。

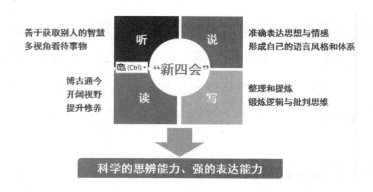

图 4-9 "新四会"教育概念的内容

为此，电子科技大学建立了核心通识课程体系，包括 6 大模块 62 门课程(如图 4-10 所示)，将工程教育融入通识教育之中。其中：文史哲学与文化传承 13 门，工程教育与实践创新 12 门，社会科学与行为科学 12 门，艺术鉴赏与审美体验 6 门，自然科学与数学 9 门，创新创业教育 10 门。另外，还开设了工程教育通识课、重大科技竞赛课程(如工业系统基础、工程导论、工程管理、工程设计、电子工程设计与电子电路设计基础、ACM-ICPC 算法与程序设计、计算机算法与程序设计、机器人设计与制作等)。

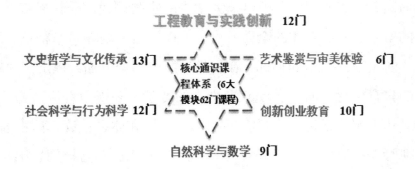

图 4-10 核心通识课程体系

同时，积极推进"卓越工程师计划"，加强校企联合培养人才工作，实施"互联网+"复合型精英人才培养计划，面向全体学生实行"普慧型"教育计划，在创新创业上积极推进，效果显著，对在校生的知识、能力、素质的培养与熏陶上探索"通识+专业"的特色培养路径。

案例二：北京邮电大学

以新工科建设为契机，北京邮电大学加强专业结构的调整，加快新专业的建设(如网络空间安全专业、邮政工程、邮政管理、数据科学与大数据技术、电磁场与无线技术、材料科学与工程等)，同时进一步加快传统专业的改造升级(如 5G 通信技术、多媒体通信、大数据及信息处理、云计算、互联网物流、互联网商务)，对电子信息技术的应用领域予以拓展和深入。

此外，以专业评估与认证为抓手，重点开展了通信工程、电子信息工程、计算机科学与技术、英国 QAA 和 IET 专业认证等。推进人才培养方案改革，实施专业大类培养，如电子信息类(信息通信、电子工程)、计算机类、理科试验班类(数学与信息科学、信息与通信基础科学)、科技与创意设计试验班、工商管理类、管理科学与工程类等。开设创新创业课程、素质教育课程、开放课程等，使人才培养、工程实践与工业制造的新发展紧密结合，从而更好地适应工业制造革命带来的新变化。北京邮电大学的人才培养改革如图 4-11 所示。

专业评估与认证：
构建持续改进机制

专业结构调整

推进工程专业认证：
通信工程、电子信息工程、计算机科学与技术

英国QAA、IET专业认证：
电信工程及管理、电子商务及法律

图 4-11　北京邮电大学的人才培养改革

案例三：杭州电子科技大学

为加快新工科建设,杭州电子科技大学主要通过学科竞赛进一步推进对在校生能力的培养与锤炼，主要包括全国大学生电子设计竞赛、全国大学生智能车设计竞赛、全国大学生程序设计竞赛 ACM、全国大学生机械设计竞赛、全国大学生机器人设计竞赛、全国大学生嵌入式系统设计竞赛、全国大学生信息安全竞赛等。

通过集训和参赛，强化理论基础、深化实际训练、培养创新思维、提高动手能力。在此过程中，开设了电子设计、智能车设计、ACM等课程；开展了专题讲座；开展实物制作及编程训练；跨专业组队，涉及电子技术、自控理论、图像识别、电机驱动、软件编程、机械结构等学科交叉，以加强团队合作精神的培养。

案例四：桂林电子科技大学

面向智能制造的人才培养，桂林电子科技大学积极建设智能制造专业群，涵盖机械设计制造及其自动化、电气工程及其自动化、微电子科学与工程、物联网工程、智能科学与技术、材料科学与工程、工业工程、电子商务、信息管理与信息系统等，以适应工业制造转型升级的实际需求。

以智能制造的实际需求为目标，构建了虚拟仿真示范中心，以训练学生运用信息技术、智能技术提升传统制造的能力，激发学习潜力及创新意识，具体包括虚拟实验场景(智能机械制造虚拟工厂和智能电子制造虚拟工厂)、技术模块分布(数字化设计、工业机器人、机械制造、电子制造、智能检测与控制、物联网与智能物流)；开发了虚拟仿真实验项目：数字化设计、工业机器人、机械制造、电子制造、智能检测与控制、物联网与智能物流等；从而实现学科专业交叉、科研教学融合，让学生在实践教学中深入了解智能制造的相关需求和制造环节，通过与企业合作、工程实践操作，培养学生面向智能制造的实际动手能力和创新意识。桂林电子科技大学的人才培养改革如图4-12所示。

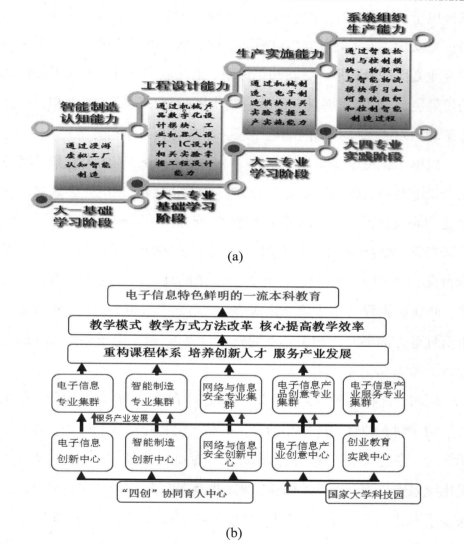

(a)

(b)

图 4-12　桂林电子科技大学的人才培养改革

案例五：西安电子科技大学

在实施"卓越计划"的基础上，西安电子科技大学按照"厚基础、宽口径、强实践、创新型"的人才培养目标，进一步加强校企合作，发挥电子信息学科的优势和特色，拓展"111学科基地"建设，在网络信息安全、人工智能、信息感知、计算机、电子机械、微电子等学科专业方面积极拓展，更新知识体系，强化能力训练，瞄准智能制造的发展主流，重点发展具有前沿引领作用的新一代信息技术和智能技术，着力发展支撑我国高端电子装备制造的交叉学科专业。

以电子机械学科为例，结合"中国制造2025"的大背景，适应复杂机电装备智能制造的新发展，为培养能够适应机电热多域多场耦合复杂问题分析与设计的拔尖人才，学校加强了基础知识、专业知识、交叉知识、综合知识的系统建构，着力培养基础知识厚重、工程实践能力强、组织能力突出、国际视野广阔的高层次复合型工程科技人才，使通识教育与专才教育紧密结合，增强了机械、测试、控制、电子信息等方面多元化知识体系的充实与完善。西安电子科技大学的人才培养改革如图4-13所示。

同时，优化课程内容，压缩不必要的学时；整合现有课程，留出必要的学时；必修与选修相结合，机动灵活；开设网上课程，课内外相结合。在公共基础课、机械基础课、专业基础课、电子机械课程等优化统筹安排上，进行了周密策划，既保持了通识教育的完整性，也保持了专才教育的精深性，使之达到40%与60%的合理比例。

此外，加强实践体系建设，建立了国家级综合性工程训练示范中心、省级机械电子工程实验示范中心、机器人俱乐部、创新创业中心等；深化校企合作，与华为、中兴、三星、AI以及中国电子科技集团公司著名研究所等加强深度合作，搭建了崭新的产学研用创新平台，使学校的知识、能力、素质教育与企业需求紧密对接，着力在服务智能制造主流发展方向上培养卓越的研发设计人才、工程科技拔尖人才等技术骨干，为我国智能制造提供有力的人才支撑。

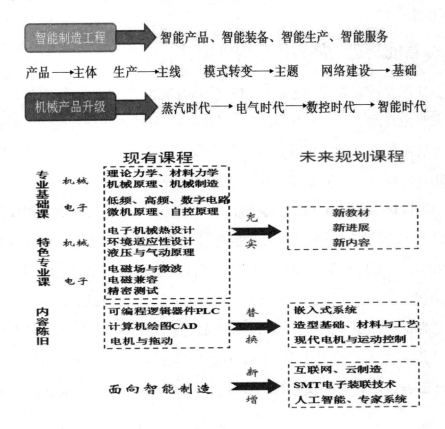

图 4-13　西安电子科技大学的人才培养改革

总的看来，电子信息类高校积极面向智能制造的新形势，充分发挥电子信息技术对制造技术的提升和引领作用，在数字化、网络化、智能化发展的历史进程中，结合新工科建设的实际需求，对探索学科、专业、研究、制造和人才培养与成长的可行路径做出了积极努力，正在形成各具特色和优势的工程教育改革方案和推进举措。

二、智能制造能力体系与校企合作协同培养

(一) 智能制造的能力体系构成探讨

知识是探索真理的经验积累和认知客观世界的结晶,能力是运用知识改造自然、制造工具的技艺和条件,学习知识是培养能力、增强能力的前提和基础,培养能力是学以致用、运用知识的转化与发挥。因此,知识与能力既紧密相关,又有所区别。

美国国家职业工程师协会(NSPE)2013 版《专业工程的知识体》提出了"知识体"的概念,其内涵包括知识、技能、态度,认为知识是由理论、原理和基本知识组成的,技能是执行任务和运用知识的能力,态度是一个人面对事实或情境时思考和感应的方式,并将其统一称之为工程知识体的"能力",归纳为基本或基础类、技术类、专业实践类 3 大类的能力(如图 4-14 所示)。而美国著名的学科认证组织——工程技术评审委员会(Accreditation Board for Engineering and

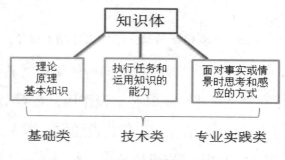

图 4-14　知识体的内涵

Technology，ABET)对于学生学习成效和能力的评价，主要包括运用数学、科学和工程知识的能力、设计和实施实验及分析解释数据的能力、多学科角度发挥作用的能力、发现提出和解决问题的能力、有效沟通的能力、终生学习能力、工程实践能力、具备从本专业角度理解当代社会和科技热点问题的知识；具备足够的知识面能够在全球化、经济、环境、和社会背景下认识工程解决方案的效果；考虑经济、环境、社会、政治、道德、健康、安全、易于加工、可持续性等现实约束条件下设计系统、设备和工艺的能力；11 项能力，如图 4-15 所示。

ABET对于学生学习成效和能力的评价

- 运行数字、科学和工程知识的能力
- 设计和实施实验及分析解释数据的能力
- 在团队中多学科角度发挥作用的能力
- 发现提出和解决问题的能力
- 有效沟通的能力
- 对终生学习的认识和实施能力
- 综合运用技术、技能和现代工程工具来进行工程实践的能力
- 对所学专业的职业责任和职业道德的理解

图 4-15　ABET 对学生学习成效和能力的评价

欧洲工程师协会联盟对于工程师训练的认证，包括了 3 年大学工程教育、2 年专业实践训练、1 年工程训练，提出应当具备熟练掌握工程制造(材料、部件、软件)的一般能力、获取信息并进行统计分析的能力、开发建模能力、科学分析与技术判断能力、管理能力、语言交流能力、多学科综合能力、创新能力等。

德国工程师协会(Verein Deutscher Ingenieure，VDI)认证的能力主

要包括解决问题能力、终生教育能力、了解需求能力、团队协作能力等，而工程教育认证协会(Akkreditierungsagentur fur Studiengange der Ingenieur-wissenschaften，der Informatik，cler Naturwissenschaften undder Mathematik e·V，ASIIN)对工程师提出了特许工程师、企业工程师、技术工程师的分类标准，对应用专业知识能力、工程实践能力、解决问题能力、团队及自我管理能力、交流和沟通能力、可持续发展能力、社会责任等能力的认证规定了具体内涵。德国精良的工业制造基础是实施智能制造的重要前提，在工业4.0战略的背景下，实施信息技术对制造的改造与提升，将使其职业技术人员的能力发生显著变化，从过去单一生产线、流水制造模式转变为个性化的柔性智能制造，劳动者必须从传统制造的机器操作者、执行者变成在整个生产过程中的策划者、指挥者、监测者。工程师不仅要具备获取信息、分析问题、掌握过程、实现目标的能力，也要具有深厚的对数学、信息、科学、工程等方面知识的应用能力，同时还要具有通信、传感、计算、网络、大数据、软件、安全等方面的跨学科学习能力和系统发现、解决问题的能力，并且能在运用信息技术提升制造技术方面的广度、深度上具备全面性和灵活性。因此，工程师的知识能力体系发生了明显的变化，从具备单一的制造能力技术转变为具备多元化的信息与制造技术融合能力。工程师知识能力体系的变化如图4-16所示。

荷兰代尔夫特理工大学在知识体系构建的基础上，提出面向21世纪工程教育的能力构建愿景，强调从纵向思维(深度)到横向思维(功能)、从抽象学习到体验学习、从简单到复杂、从分析到综合、从确

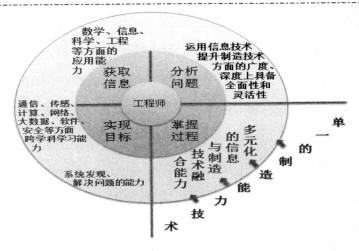

图 4-16 工程师知识能力体系的变化

定性到不确定性等几方面的演进与发展，进而对创新思维能力、解决问题能力、想象力与创造力、竞争力和终生学习能力、交流与合作能力、全球化视野能力等方面的能力构建进行了全新的阐释，对于适应智能制造模式的能力培养具有鲜明的启示作用。荷兰代尔夫特理工大学提出的工程教育的能力构建愿景如图 4-17 所示。

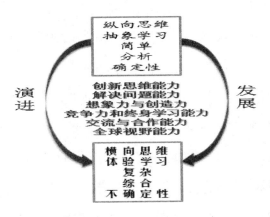

图 4-17 荷兰代尔夫特理工大学提出的工程教育的能力构建愿景

智能制造所需的能力与智能制造知识体系有着紧密的联系。一般来看，大学培养人才主要是传授知识、锤炼能力、养成素质，即对知识、能力、素质的基础培养，在具体的实践中，既相互有所区别、有所分工，同时又融为一体、有机统一。麦可斯研究院针对我国毕业生能力调研的框架提出基本工作能力的概念，包括理解和交流能力、科学思维能力、管理能力、应用分析能力、动手能力等。无论是本科生、研究生还是高职生，对知识、能力、素养的培养都需要在其各自的层次和领域中，通过学习、训练、实习、实践等环节，不断增加知识的积累，学会知识的运用，养成卓越的素质。因此，在探讨智能制造能力体系的构建时，离不开与智能制造知识体系的联系，而智能制造人才的素质养成，也是在学习知识、培养能力的过程中相辅相成、积淀熏陶而形成的。

从我国智能制造发展的实际情况出发，一方面，大学工程教育在与工业制造的实践结合上有所欠缺，建国初期一大批行业特色高校所创建的行业特色型人才培养模式，在我国工业化发展进程中发挥过重要作用之后，已逐渐被综合化、大而全的趋势所淹没，理论教育与工程实践的脱节造成人才能力培养方面的缺位，急需加以强化和补充，正如当前引进 CDIO 模式加强工程领域的能力培养一样，工程实践能力的培养对于智能制造人才的成长至关重要。另一方面，智能制造所急需的知识体系、能力培养也必须在重点行业的应用和发展中，进一步找到工程实践的具体载体，将智能科学与技术的知识运用到工业制造的实际中，为智能制造人才的能力培养提供广阔的应用平台，对接大学、高职培养与企业的一线需求，使在校生的培养与行业企业需求紧密关联，弥补工程教育的不足，深化校企合作的途径，真正在产学研用一体化发展进程中强化、深化工程科技人才的能力培养。

因此，总结归纳智能制造人才的能力体系构建，对应系统工程师、专业工程师、技术工匠的能力培养，应该包括以下主要内容(如图 4-18 所示)。

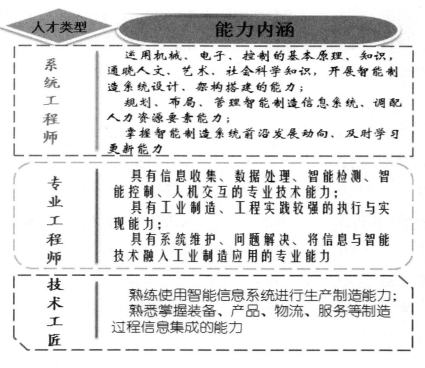

图 4-18　智能制造人才的能力体系构建

(二) 校企合作加强能力培养的探索

目前，在智能制造的背景下，我国一些大学、高职院校积极面向智能制造的工业需求,在不同层次的工程科技人才培养方面探索新的知识、课程以及能力、素质体系教育的改革与创新。

通过调研,以下以同济大学中德工程学院、苏州市职业技术大学、深圳职业技术学院、深圳市高技能人才公共实训管理服务中心为例,就智能制造知识体系构建、能力培养路径与模式进行探讨。

案例一:同济大学中德工程学院

同济大学立足对德合作的深厚基础,与德国著名制造公司如蔡司、博世等加强校企联合,面向智能制造人才培养,建立了中德工程学院,着力培养智能制造所需的专业型人才、跨学科人才、系统级人才。

在同济大学机械、电信、软件学院及工程实践中心支持下,重点建设"智能制造系统工程"专业,融合了机械类、电子信息类、自动化类、计算机类和工业工程类五大类学科,涉及人工智能、大数据、云计算、虚拟现实、增强现实、信息物理融合、物联网等技术。为此,成立了工业 4.0/智能制造协作组,建立了 EMERSON 流程工业 4.0 实验室、NI 预测性维护工业 4.0 实验室等,开设了《工业 4.0 导论》课程;在课程设置上,压缩旧内容、增加新内容,加强跨学科人才培养,如电信学院 CIMS 课程;加强中德学生互访交流,学院 80%的学生在德国实习,毕业论文至少要做 6 个月,最长可达 9 个月,前 3 个月基本为熟悉阶段,后期用以强化、深化工程实践,对学生实际动手能力、工程实践能力的培养效果良好。同济大学中德工程学院的人才培养模式如图 4-19 所示。

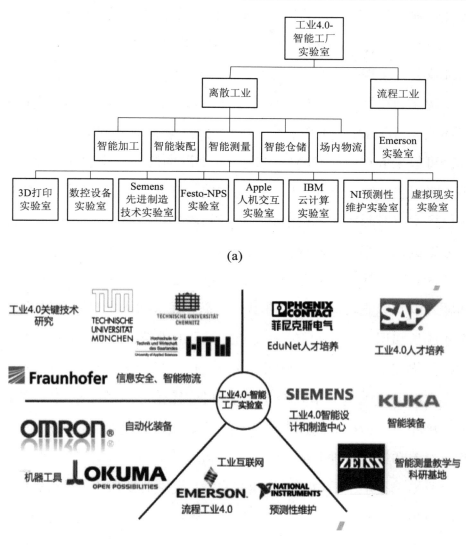

图 4-19 同济大学中德工程学院的人才培养模式

此外，面向"中国制造 2025"，学院联合中国机械学会制定了一套培训体系，注重系统工程师的培养，并与西门子公司合作，发挥高校理论强、企业实践强的各自优势，打通校企之间的联系通道，拟定初、中、高不同层次的工程师培养计划，借助学会、协会的资源外包培训业务，实现强强联合。

智能制造是一种手段，不是目的。智能制造人才的培养应当在衔接环节、校企合作上突破瓶颈，找到出路，培养方案的拟订要结合实际，可以采取"教授+企业、实验+培训"的模式，开发新的课程体系，吸引企业深度介入，以学生为导向，开展"学习工厂"的实践，积极探索智能制造人才校企联合创新培养的可行路径。

案例二：苏州市职业技术大学

针对职业教育与产业发展、企业需求之间依存不紧、互动不强的问题，以及职业教育培养规格单一、企业需求和学生发展之间矛盾、人才成长知识面窄、可持续发展能力不足的弊端，苏州市职业技术大学在强化校企合作培养高技能人才方面做出了积极探索。

在发展理念上，学院确立了按企业岗位能力需求标准培养的目标，培养内容为智能制造专业知识、企业文化和企业岗位需求培训、职业素养和工匠精神养成、生产实习和教学实训融合。其中：智能制造专业知识教学主要包括系统组成专业、发展演变历程、产品竞争与产品使用；企业文化和岗位需求培训主要包括岗位需求技能培训、企业岗位角色扮演沟通、创新意识和团队合作精神培养、管理制度培训等；职业素养和工匠精神养成主要包括精益生产、质量管理和品质圈、生产管理和现场问题分析管理，以及工匠精神、人才安全、设备安全、安全意识培养等方面。

在校企合作上，生产促实训、实训寓生产，二者紧密融合，学校与苏州博众公司联合成立了博众·凡赛斯自动化学院，在师资和教育实训上互兼、互聘、互派、互培，充分发挥博众公司在智能制造装备方面的优势和特色，建立了柔性智能制造教学生产线，构建了职业体验、动态课程、多元评价等实习实训的工程实践培养体系；借助校企深度合作建立的新型工程实践育人模式，将智能制造的高技能职业人才培养与企业订单式需求发展紧密结合在一起，建设起产教联盟的发展计划，主要包括智能制造专业资源库、智能制造标准制定、智能制造人才培养共同体、智能制造校企成果转化等，探索了行之有效的智能制造高职人才培养与成长的新模式，并取得了显著效果。苏州市职业技术大学的人才培养模式如图 4-20 所示。

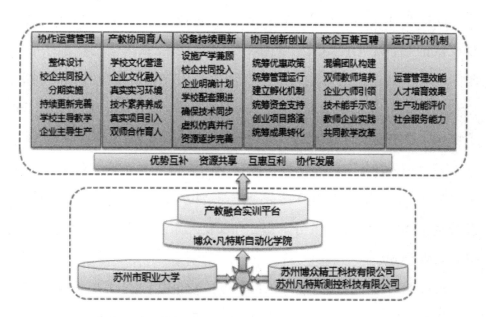

图 4-20　苏州市职业技术大学的人才培养模式

案例三：深圳职业技术学院

深圳职业技术学院是国内最早举办高职技术教育的院校之一,同时也较早开展了创新创业教育和国际认证工作,切实加强和提升了职业技术人才的培养质量。

目前,深圳职业技术学院共有 237 人次获 CCIE 证书(Cisco Certified Internetwork Expert,即思科认证互联网专家,是全球公认权威的认证);6 人获 RHCA 证书(Red Hat Certified Architect,即红帽认证架构师),全球获此证书的仅 1000 人左右;33 人获 OCM 证书(Oracle Certified Master);32 人获 HCIE 证书(Huawei Certified Internetwork Expert,即华为认证互联网专家,这是华为认证体系中最高级别的 ICT 技术认证)。

面向智能制造,该学院与国际知名企业合作共建了 Festo(德国)授权认证培训中心(FACT)、FANUC(日本)数控系统应用培训中心、西门子先进自动化技术联合示范实训中心、ABB 自动化技术实训室;在深圳市相关企业建立了 80 余个校外实习基地,为机电类专业毕业生提供了广阔的就业及职业生涯发展空间。近年来,学院推行"订单+联合"的校企合作培养模式,选择国内大型优秀企业,如中国广东核电集团、亿和精密工业控股有限公司、深圳市地铁集团有限公司等,进行批量培养为企业"量身定做"的专业人才,有效拓展了就业渠道、提升就业质量。

校企合作方面开展的主要工作有:校企共同成立专业教学委员会,指导专业设置,使专业能够紧密贴近市场需求;共建联合实验室,让学生提前介入企业科研实践；设立企业兼职教师岗位，使企业技术人员将理论与实践相结合，加强技术需求及相关规范的教育，使学生能够更加适应企业发展的实际需求。

重视国际化办学，注重拓展学生视野。学院与香港职业训练局黄克竞分校开办了"电气服务工程高级文凭"合作课程，毕业生可获深港两地毕业资格；与美国休斯敦大学、英国胡佛汉顿大学、德国埃斯林根应用科技大学、德国纽伦堡应用科技大学等高校建立了国际学术交流和协作关系，为学生毕业后深造创造机遇。

案例四：深圳市高技能人才公共实训管理服务中心

深圳市高技能人才公共实训管理服务中心是集技能训练、技能鉴定、技能竞赛、技术革新实验、技术交流、技师服务、技能培训成果展示等功能为一体的公共服务平台。该中心为广东省首家以理事会为核心的法人治理机构改革试点的事业单位。理事会由政府部门代表、行业协会代表、企业代表、职业院校代表、培训机构代表以及高技能人才个人代表组成。

该中心培训对象以企业和院校为主，比例为 6∶4，实施培训的师资主要来自企业，部分来自院校，课程开发由中心教研开发部负责，主要包括课程标准开发、职业岗位用人标准以及课程内容开发。

学院建设了工业自动化控制实训中心、楼宇智能化实训中心、工业设计实训中心、汽车维修实训中心、数字印刷实训中心、数控加工实训中心等，以企业高技能人才需求为着眼点，通过综合内容和具体任务的技能训练，使受训者掌握和提升岗位操作技能，全面培养其职业道德、职业能力和综合素质。同时，在创新训练及评价模式方面进行了有益的探索和尝试，创立了"任务引领型一体化"的训练及评价模式，技能训练采用"五步训练法"，能力评价采用"过程考核与综合考核"相结合的方式，在为高技能人才提供优质的公共服务方面积极探索，已初步构建起以公益性、先进性、开放性为主要特征的"五个一"高技能人才终生服务体系，探索出政府在公益性技能培训服务方面强化工业制造技能的新路径，也提供了很好的借鉴案例。

总的看，校企合作是培养智能制造人才的有效途径之一，可以弥补大学工程教育、高职技能教育在师资、资源、资金、条件、实践方面的不足和缺陷，让人才培养的重心前移，让企业制造的一线延伸，为人才的针对性培养提供了广阔的平台和丰富的工程实践，是智能制造人才培养与成长的必经路径。各高校各富特色的校企合作模式和经验，值得学习和推广。

(三) 人才分层次能力培养的路径分析

智能制造所需要的人才主要分为系统工程师、专业工程师、技术工匠3个层次，大学、高职院校的培养目标与此一一对应。

基本情况是：高职院校主要培养大量的高技能高素质工人，大学本科、硕士阶段主要培养专业工程师，并在此基础上孕育、选拔、培养更加优秀的具有理论和实践经验的拔尖人才，帮助其成长为系统工程师。而另一方面，人才能力的形成，不仅需要在校期间加强培养、训练、实习，更需要在走出校门、走向生产制造一线之后，在企业制造的实践中不断摸索、积累、发展。因此，企业的培养、培训也是支撑人才成长的一个重要因素。

大学、高职院校、企业的人才培养与成长路径，既有相互之间的分别对应，也有相互之间的紧密联系。

从大学人才培养的目标看，需要在更加紧密的校企合作中，把工程实践前移到大学课程体系中，通过智能制造的标准体系、智能生产的一线实践、智能管理的高度集成，对大学工程科技人才的培养做出新的调整与适应，修订培养方案、更新课程体系、强化教学实践，以培养卓越的专业工程师和拔尖的系统工程师为目标，着重加强思维创造能力、工程实践能力、交流沟通能力、终生学习能力等全方位多元化综合能力的培养，形成人才日后成长的基础能力储备。

从高职人才培养的目标看，需要紧密结合智能制造的实践需求。在应用人才培养的过程中，除了要掌握传统的制造技能外，对通信传感、智能技术、网络技术、大数据、云计算、软件技术、机器人等新一代信息技术也要熟练掌握，还应具备使用 IT 知识与技术进行数据分析与处理、软硬件执行与操作、企业智能管理等方面的能力，以便能够为智能制造系统的顺畅、安全、平稳运行做保障，当好"智能制造的智能工人"。

从企业人才梯队建设、人员培训和人才队伍成长的角度看，紧抓智能制造发展的良好契机，通过信息技术、智能技术提升企业的竞争力和发展潜力，需要在人才发展上倾注更多的精力和物力，为企业在未来科技产业革命的竞争中抢占先机。例如，海尔集团于 1999 年成立海尔大学，开展全方位人才培养，推进网络化战略，在互联工厂、按需定制、智能家电方向上重点发展，员工成长类型从多技能、技术型向知识型递进，技术型、知识型员工占比逐步递增，为企业发展提供了强大的后盾；又如，上海电气选聘科技专家、培养一线高技能人才，实施员工入职后"1 年认知、3 年选择、5 年发展"的成长计划，鼓励人才不断提升自身能力、脱颖而出；再如，西门子成都数字化工厂率先瞄准智能制造，提高效率、降低成本，制定高质量、高品质、高水准的制造目标，着力吸引和培养优秀的工程师、知识型工人，注重创新思维、创客精神、创意方法的孕育，加强对员工工业制造基础知识、专业学习能力、数字化、网络化、智能化制造技术以及交流沟通能力、职业忠诚度、敬业精神和奉献精神的训练和熏陶，锤炼高素质的企业骨干人才队伍，支撑智能制造的未来发展。

三、智能制造人才素质与工业文化体系构建

素质是人才在知识、能力积淀的基础上，融合了思想、思维、态度、情感、精神的内在特征综合化、显性化的集中体现。良好素质的形成对于人才的长久发展、健康成长至关重要，是一种无形的内涵和品质。智能制造人才的素质建立在工业制造精神的基础上，具有融合新型制造所需的精神风貌、思维品质、行为特征的典型特点，与工业文化的影响和熏陶有着紧密的关系，是智能制造人才持续成长与发展的重要基础。

（一）智能制造人才的素质

为了能够较好地适应新的科技与工业革命带来的挑战，建立在智能制造知识体系、能力体系基础上的人才综合素质应包括创新精神和创造思维、对于事业的忠诚度和工匠精神、扎实的工科数理素养、厚重的工程实践素养、多元的人文社科素养5个方面。

1．创新精神和创造思维

创新的本质在于不断突破传统，推进事物取得更新、更快、更好的发展。智能制造是对传统制造的全方位提升，更是新技术、新思维、新概念、新模式不断涌现、广泛应用的典型业态，创新精神和创造思维贯穿于智能制造的全过程，因而智能制造人才应当具备创新精神和创造思维。创新精神是推进工业制造突破传统模式、改变生产生活方式的首要精神，表现为勇于挑战固有框架，不断追求新思想、新事物、新理念、新方法，探索新的规律，获取新的成果。创造思维是打破惯常思考、求新求异的独特思维，是人类创造性活动的灵魂和核心，是人的创造力迸发的源泉。在信息技术、人工智能技术日新月异的迅猛发展过程中，只有具备创新精神和创造思维，才有可能持续不断地将各种新技术、新成果、新模式融入工业制造的历史变革中，为制造强国战略做出贡献。

2．对于事业的忠诚度和工匠精神

工程科技发展、工业精良制造需要坚持如一的品质，需要坚忍不拔的执着，需要精益求精的工匠精神。只有对事业具有较高忠诚度，才能够全身心投入，才能够获得严谨的职业操守、崇高的职业品质，具有敬业、专注、精益、坚持的价值取向和行为表现，才能够在制造质量和制造水平上取得持续不断的进展。我国工业制造在工业 2.0、工业 3.0、工业 4.0 迭代发展的情况下，尤其需要大力提倡对事业的忠诚度和长期执着、精益求精的工匠精神，倡导积极发展工业制造的实体经济，通过智能制造带动传统工业的转型升级，向未来更加前沿的方向不断迈进。

3．扎实的工科数理素养

过硬的工科数理基础是工业制造的厚实土壤，无论是传统的工业制造还是智能制造，都必须具有扎实的数理基础知识素养，具备发现问题、提出方法、构建模型、解决问题的能力。工科数理素养是工业制造的基本素养，是工程实践的必备前提。作为智能制造人才，扎实的工科数理基础素养，是从事智能制造工程实践十分重要的必备功底，也是学习与掌握不断发展的智能技术、前沿技术、未来颠覆性技术的重要根基。

4．厚重的工程实践素养

智能制造是在传统制造基础上发展起来的新型制造模式，智能制造人才不仅要掌握信息科技、智能科技的知识和能力，也应具备厚重的工程实践素养，熟悉各个重点行业制造领域里的概况、重点、流程、工艺、管理、服务等，对制造环节的全过程有比较全面的认知和了解；同时，要具备丰富的工程实践经验，在智能制造的具体过程中，能将信息技术、智能技术有效地融合进工业制造的工程实践中，把握工业制造的核心要素，构建信息物理系统下的新型制造模式、管理模式和服务模式，建设全生命周期的数字化、网络化、智能化制造体系。

5. 多元的人文社科素养

智能制造、人工智能不仅仅是工业制造的传统概念与范围，在智能制造、人工智能的未来发展中，人机工程、工业设计、个性定制、柔性制造、仿生制造、生物制造等一系列多元化、复合型、综合化的制造发展，必将与美学、医学、社会学、经济学、伦理学、文学、哲学等人文社科发生更加紧密和广泛的联系和交叉。因此，智能制造人才的人文社科素养也成为面向未来发展的一种必备素养，在人工智能等新技术发展中将发挥潜在的重要作用。

(二) 工业文化的体系建设

文化是软实力，是人类生产生活中知识、智慧、历史、文明、物质、精神的综合积淀和成果结晶。工业文化是工业生产、制造过程中形成的具有自身特色的物质、制度、精神、风貌的集成，是推进工业文明的强劲动力，在智能制造的发展进程中具有非常重要的内在影响和潜在作用，对于实施制造强国战略具有十分重要的意义。

我国长期的历史发展以农耕文化为主，工业化进程推进缓慢，工业文明、工业文化的建设滞后于世界发达国家的步伐。在当前新时代大力建设制造强国、实现小康社会的进程中，构建完善的工业文化体系、加强制造软实力建设，成为迫在眉睫的任务。

2016 年，《工业和信息化部、财政部关于推进工业文化发展的指导意见》出台，对深化发展工业文化的战略意义，以及建设工业文化的总体要求、主要任务、保障措施等提出了系统的指导性意见，同时针对工业制造大而不强的问题，分析工业文化建设上创新不足、专注不深、诚信不够、实业精神弱化的现象，提出"大力弘扬中国工业精神，夯实工业文化发展基础，不断壮大工业文化产业，培育中国特色的工业文化，提升国家工业形象和全民工业文化素养，推动工业大国向工业强国的转变"的目标，为工业文化体系建设构建了框架。

智能制造急需新型工业文化的支撑，应当从以下三个方面强化、深化工业文化的体系建设。

第一，着力塑造新型工业精神的价值文化。我国所推进的制造强国战略，是在继承新中国工业发展几十年历史积累的基础上，追赶世界制造强国、跻身一流行列的重大举措，同时也是工业 2.0、工业 3.0、工业 4.0 迭代发展的复杂过程，需要解决工业基础相对不强、协同融合有所欠缺、精神文化氛围不浓的实际问题。因此，塑造具有新时代中国特色的新型工业文化，需要站在充分认识其历史意义、战略地位的高度上，确立自主创新意识、自主自信精神的工业文化核心，倡导锐意创新、实干踏实、精益求精、创业兴业的大国制造精神和工匠精神。

第二，打造追求卓越、制造精良、一流品质的工业制造文化。通过实施智能制造专项工程，大幅度推进传统工业转型升级的进程，对标世界制造强国"德国制造"、"瑞士制造"等著名品牌的文化影响，树立并强化"中国制造、中国创造"的文化品牌意识，发扬我国在两弹一星、载人航天等方面取得历史成就的文化精神，结合《中国制造2025》战略的推进，加强文化软实力的内涵建设，通过政策引导、文化活动、文化产业、文化传播、文化理论等多种途径，进一步完善和健全工业文化的体系建设。

第三，创造智能制造的新型工业文化业态。紧抓智能制造发展的历史机遇，瞄准高级人工智能、未来颠覆性技术及产业发展的前沿方向，以智能制造、新工业革命、新时代发展为契机，立足中国工业制造的历史和现实，进一步增强文化自信，抢先占据引领工业文化未来发展的前沿，积极创造创新驱动、自主发展的工业文化精粹，构建从物质文化、制度文化到精神文化融为一体的新型工业文化概念与内容，为制造强国战略提供坚强的软实力支撑。

第五章

回顾与展望

制造业是一个国家科技与经济发展的主要支柱产业,工业制造的实力与水平是综合国力的重要标志,人才是支撑工业制造业发展的关键,人才的培养则是影响工业制造基础的基础。

回顾我国工业制造业的发展,从建国初自力更生、艰难起步,到改革开放后借鉴模仿、引进跟踪,在积累了不断壮大发展的市场规模、积极学习探索的技术转移、着力突破发展的自主创新的基础上,奠定了工业制造的良好基础设施、相对完善的产业链、逐渐成长的人才队伍等必备条件。近十几年来,我国在水电、桥梁、汽车、高铁、家电、机械、超算、航空航天等方面跻身全球一流制造行列,自主创新的步伐不断加大,中国制造一步一步发展壮大、走出国门、走向世界,正努力向着中国自主创造的方向迈进!

今天,面对新一轮科技与产业革命,智能制造掀起了新的浪潮。在传统制造固有模式中,数字化、网络化、智能化悄然改变着传统制造样态，信息技术与制造技术深度融合，在信息物理系统（CPS）的框架下，搭建起人与物理世界之间信息物理系统的数字网络虚拟世界，构筑起一个产品制造全过程、制造信息全掌控、管理服务全覆盖的崭新制造体系，把工业制造的需求、生产、管理、服务等整个链条涵盖、扩展、延伸到与之相关的各个环节，实现个性定制、柔性制造、高质量、低成本等目标，彻底颠覆了传统制造的模式。而未来的智能制造，将把新材料、新工艺、新制造以及人工智能、生物技术、仿生技术等多元交叉、相互融合在一起，随着机器学习、专家系统、大数据、智能机器人、人机混合智能、类脑计算等人工智能技术的不断发展，数据、信息将成为支撑制造业延伸、拓展的重要因素，而人的思维、经验、知识等也将在更高级的制造模式发展中发挥出无可比拟的关键作用，工业制造将走向更加高级的智能、智慧阶段，人的创新思维、创造意识对工业制造的深刻影响将愈发凸显。

我国的智能制造是从工业 2.0 到工业 3.0、工业 4.0 不断发展的一个复杂的迭代过程，数字化制造、网络化制造对于传统产业的转型升级作用明显，制造业智能化趋势的引领，对提升技术支撑能力、加快新旧动能转换的提升作用突出，而加快推进智能制造，不仅有助于提高现有工业制造的质量、水平，提高生产效率、降低制造成本，而且对于我国下一步优化、构建新型制造业体系以加快自主制造的发展意义重大！

当前，智能制造掀起的不仅是技术和产业的革命，对人才培养也同样提出了变革的要求。智能制造对人才的需求呈现出多元化特点，而我国智能制造重点人才的培养仍然欠缺，特别是系统工程师、专业工程师、技术工匠等不同类型的人才培养，缺乏整体的规划与布局，在大学、高职教育与企业的实际需求、人才成长之间缺乏有效的衔接，校企深度合作缺乏，教育与实践结合不够紧密，造成人才培养与成长之间的资源浪费、时间浪费、人才浪费，不利于人才的健康、快速成长。

从我国工程科技教育的现状看，学科、专业等发展滞后于工业制造新的发展形势，与发达国家相比，我国的工程教育急需改革，特别是在跨学科、多元化、创新型人才的培养上要做适时调整、转型升级。近年来，随着"卓越工程师计划"、CDIO、国际工程认证、新工科等若干举措的实施与推进，许多大学、高职院校已经积极对接工业制造的新需求、新趋势，在融合通识教育与专才教育、深化校企合作、拓展国际化路径等方面取得了明显的进展，为我国工业强基、智能制造提供了人才培养上的有力支撑和积极探索。面向未来的智能制造发展，仍然需要对多元化人才培养与成长模式作更多的探索与实践，将人才培养、成长与工业制造的变革紧密结合起来，以适应智能制造发展的迫切需求，提升人才培养的质量与水平。

因此，面向智能制造，急需大量的人才支撑，人才的培养与成长成为大学、企业、社会面临的突出问题，是学术界、产业界、政府、社会等多方面应当协力解决的一个重大问题。人才的培养与成长也需妥善解决好学校教育、企业培养之间的关系，以实现两者间的无缝衔接、有序连接。

同时，智能制造人才的知识、能力、素质，与传统制造人才相比，发生了许多新的变化。面向智能制造的需求，人才培养与成长必须打破传统的单一教育模式，构建多元化、交叉式、复合型人才培养的知识体系，必须打破传统制造的旧模式，构筑起新型制造业模式下的专业技能培养训练体系，在人才的创新思维、学习能力、专注精神、协同协作等方面进行系统学习和培养，在人才健康、快速成长上强化实践、学以致用、用以求新。

今后，人才支撑制高点的抢占，将是智能制造发展的最大潜力，人才的培养、成长和储备，需要结合智能制造技术的突破、产业的发展予以同步布局、规划、推进。

为此，有以下4点思考：

其一，应以大学、高职的人才培养为基础，坚持"立德树人"，加强价值观教育，紧密配合"中国制造2025"战略的实施，制定出台面向智能制造的人才培养与成长的具体发展计划，倡导"回归工程"、弘扬"工匠精神"，把系统工程师、专业工程师、高技能工匠的培养与成长列入国家重点人才发展计划之内。

国家层面应出台与"中国制造2025"相适应的重点人才支撑计划，结合我国工业制造转型升级、重点发展智能制造主攻方向的战略部署，在现有工程科技人才培养的基础上，着力发展面向智能制造的系统工程师、专业工程师、高技能技术工匠等各个层次的紧缺人才，在大力推进工业制造转型升级的历史进程中，通过工程实践大项目的推进，培养和锤炼一大批具有新型工业制造知识、能力和素质的人才。

其二，应实施"智能型人才培养试点项目计划"，选择具有示范性的大学、高职与智能制造典型企业开展深度紧密的合作，深化校企合作，联合培养跨学科、复合型的创新人才。

建议实施"智能型人才培养试点项目计划"，积极改善目前学校的人才培养与企业的发展需求尚不相适应的状况，注重加强知识应用能力、岗位适应能力的训练，结合新工科教育模式的改革，选择智能制造的重点领域，以及具有示范效应的重点工科院校、电子信息类院校、高职高专类院校，推进人才培养的试点示范，从培养方案、课程体系、教学实践、实习实训等工程教育环节的革新入手，以点带面，解决人才培养与需求之间的供给矛盾问题，解决智能制造人才的知识、经验、能力、素养的综合发展问题，重点培养交叉复合型创新人才，为制造强国战略提供人才支撑。

其三，应制定"智能制造一流师资队伍发展规划"，从资金投入、大学与企业双向流动互聘、职称及工作待遇保障举措上予以大力支持。

推进新型工程教育，师资是关键。要善于打破大学教育、企业培训在师资队伍建设上互相隔离、互不适应的状况，打通学校、企业、社会在工程师培养与成长上的衔接环节，在国家层面制定"智能制造一流师资队伍发展规划"，积极统筹，调动大学、企业的师资优势与现有资源、条件，建立可以顺畅流动、双向流通的师资互聘机制，从政策、条件、环境、待遇上予以大力支持，保障智能制造师资队伍建设的深度推进。

其四，进一步深化工业文化建设，结合智能制造在数字化、网络化、智能化方向上的优势与特色，推行共享、环保、绿色、高效的制造业文化新理念，增强竞争软实力，实现制造强国软硬件环境的协调发展。

以工业文化建设为重点，切实推进和加强软实力建设，通过智能制造新模式的不断推进，注重塑造新型工业文化的内涵，特别是具有中国特色、中国气魄的智能制造业文化，开展相关文化精神的教育和普及活动，将文化软实力与制造业新发展紧密融合，推动我国制造强国战略的持续深入发展。

参 考 文 献

[1] 奥拓·布劳克曼. 智能制造：未来工业模式和业态的颠覆与重构 [M]. 张潇，郁汲，译. 北京：机械工业出版社，2015.

[2] 陈明，梁乃明. 智能制造之路：数字化工厂[M]. 北京：机械工业出版社, 2017.

[3] 陈潭. 工业 4.0：智能制造与治理革命[M]. 北京：中国社会科学出版社，2016.

[4] 周济. 智能制造："中国制造 2025"的主攻方向[J]. 北京：中国机械工程，2015，26(17): 2273-2284.

[5] 通用电器公司. 工业互联网：打破智慧与机器的边界[M]. 北京：机械工业出版社, 2015.

[6] 德国"工业 4.0 工作组". 德国"工业 4.0"战略计划实施建议. 中国工程院咨询服务中心，译.

[7] UNESCO Report，"Engineering: Issues，Challege，Oppor－tunites for devolement"，UNESCO PARIS，Otc 2010.

[8] Strategic Migration：A Short－Term Solution to the Skilled Trades Shortage，ManPower Inc. August 2010.

[9] 徐晓鸣. 培养创新型人才的理论与实践. 示范性高职高专院校改革论坛会议资料，2008.

[10] 三人分享 2010 年诺贝尔经济学奖. 新华网，2010-10-11. http：//news. xinhuanet. com/fortune/2010-10/11/c-12648020.htm.

[11] Edgar Faure, et al. Learning to be: The world of eduationtoday and tomorrow. UNESCO 1972.

[12] Interviews with HR managers, HR agencies, and heads of globalresourcing centers. McKinsey Global Institute analysis.

[13] 2017 年中国大学生就业蓝皮书. 麦可思研究院.

[14] 查建中. 研究型大学必须改革本科教育以培养大批创新人才[J]. 武汉：高等工程教育研究，2010(3).

[15] Wulf William A. An Urgent Need for Change. http://www.tbp.org/pages/publications/Bent/Features/Sp04Wulf. pdf.

[16] Lavelle Louis. College Degrees Get an Audit. Bloomberg Businessweek, June 28—July4, 2010：15.

[17] Cha Jianzhong, Koo Ben. ICTs for New Engineering Education. IITE Policy Brifeing, Febuary 2011; iite. UNESCO. org / pics / publications/en/files/3214681.pdf.

[18] UNESCO. The Four Pillars of Education. http://www.unesco.org/delors/fourpil.htm.

[19] Johan De Graeve. Paradox-based strategy for innovative engineering educationg(基于矛盾论的战略观：工程教育创新研究)，北京师范大学博士论文，2002-10. http://www.group-t.be.

[20] 查建中，何永汕. 工程教育改革的三大战略[M]. 北京：北京理工大学出版社，2009.

[21] 朱高峰. 论教育与现代化[M]. 北京：高等教育出版社，2015.

[22] 范桂梅. 中国工程教育改革研究[D]. 北京：北京交通大学，

2011:16.

[23] 王孙禺，刘继青. 从历史走向未来：新中国工程教育 60 年[J]. 武汉：高等工程教育研究，2010(4).

[24] 时铭显. 面向 21 世纪的美国工程教育改革[J]. 北京：中国大学教学，2002(10)：38.

[25] 孔寒冰，叶民，王沛民. 国外工程教育发展的几个典型特征[J]. 武汉：高等工程教育研究，2002(4)：57.

[26] 浙江大学科教发展战略研究中心内部资料.

[27] 吴爱华. 加快发展和建设新工科主动适应和引领新经济[J]. 武汉：高等工程教育研究，2017(1)：1.

[28] 瞿振元. 推动高等工程教育向更高水平迈进[J]. 武汉：高等工程教育研究，2017(1)：12.

[29] 孔寒冰. 21 世纪的信息物理系统教育[J]. 武汉：高等工程教育研究，2017(6):24.

[30] 段宝岩. 面向未来的电子机械学科建设与人才培养[J]. 武汉：高等工程教育研究,2017(5)：37.

[31] 顾佩华，胡文龙，陆小华，等. 从 CDIO 在中国到中国的 CDIO：发展路径、产生的影响及其原因研究[J]. 武汉：高等工程教育研究,2017(1)：24.

[32] 辛国斌，田世宏. 智能制造标准案例集[M]. 北京：电子工业出版社，2016.